普通高等院校计算机基础教育"十三五"规划教材

Access 2010 数据库技术及应用实训教程

郭　欣　赵任颖　主编

顾顺德　主审

中国铁道出版社
CHINA RAILWAY PUBLISHING HOUSE

内 容 简 介

本书基于 Access 2010 数据库程序设计课程的知识点进行编写，同时，本书的知识点内容与全国计算机等级考试二级（Access 数据库程序设计）基本同步。本书主要内容有创建和设计表、创建和设计查询、创建和设计窗体、创建和设计报表、设计和创建宏、模块与 VBA 等。

本书凝聚了编写人员的教学经验和心得，编者系多年参与一线教学的教师，具有丰富的教学和培训经验。

本书适合各类高等院校各专业使用，也适合作为全国计算机等级考试二级（Access 数据库程序设计）的备考用书。

图书在版编目（CIP）数据

Access 2010 数据库技术及应用实训教程/郭欣，赵任颖
主编. —北京：中国铁道出版社，2017.1（2017.11 重印）
普通高等院校计算机基础教育"十三五"规划教材
ISBN 978-7-113-22707-4

Ⅰ. ①A… Ⅱ. ①郭… ②赵… Ⅲ. ①关系数据库
系统－高等学校－教材 Ⅳ. ①TP311.138

中国版本图书馆 CIP 数据核字（2016）第 317655 号

书　　名：Access 2010 数据库技术及应用实训教程
作　　者：郭　欣　赵任颖　主编

策　　划：曹莉群　　　　　　　　　读者热线：（010）63550836
责任编辑：周海燕　冯彩茹
封面设计：刘　颖
封面制作：白　雪
责任校对：张玉华
责任印制：郭向伟

出版发行：中国铁道出版社（100054，北京市西城区右安门西街 8 号）
网　　址：http://www.tdpress.com/51eds/
印　　刷：三河市航远印刷有限公司
版　　次：2017 年 1 月第 1 版　　　　2017 年 11 月第 2 次印刷
开　　本：787 mm×1 092 mm　1/16　印张：12.25　字数：254 千
书　　号：ISBN 978-7-113-22707-4
定　　价：29.00 元

前　言

随着云时代的来临，大数据引起了越来越多的关注，如何在工作、学习和生活中有效地对数据进行管理成为一个迫切而重要的问题。Access 作为一个入门级的数据库应用平台和开发工具，具有强大的数据处理、统计分析能力，也可用来开发各类企业管理软件。Access 2010 与以往的版本相比，特别是与 Access 2007 之前的版本相比，用户界面发生了重大变化。Access 2007 中引入了两个主要的用户界面组件：功能区和导航窗格。而在 Access 2010 中，不仅对功能区进行了多处更改，还引入了第三个用户界面组件 Microsoft Office Backstage 视图。

为了顺应新时期对计算机应用技术的发展和人才市场需求的变化，编者参照教育部高等学校文科计算机基础教学指导委员会编写的《高等学校文科类专业大学计算机教学基本要求》（第 6 版），并结合 Access 2010 的特点和多年的教学积累，编写了本书。

本书内容分为 7 章：第 1 章为创建和设计表（37 个实验）、第 2 章为创建和设计查询（85 个实验）、第 3 章为创建和设计窗体（25 个实验）、第 4 章为创建和设计报表（35 个实验）、第 5 章为设计和创建宏（10 个实验）、第 6 章为模块与 VBA（14 个实验）、第 7 章为综合实训（2 个实训）。每章的实训练习按照知识点展开，先易后难，先分解后综合，符合学生的认知规律和学习习惯。

本书从应用型本科教育学生对数据库技术的能力要求出发，结合 Access 的知识点顺序，由简到难，逐步提高学生的数据库应用和实践能力，内容实用，可操作性强。本书与同类教学用书相比具有如下特点：

（1）本书针对 Access 的每一个操作对象，分为表、查询、窗体、报表、宏、模块与 VBA 6 个部分进行训练，最后又加了两个综合实训，帮助读者逐步了解 Access。

（2）仅对疑难点给出解析要点，而未给出详细的解题步骤，以培养学生举一反三、触类旁通的独立学习能力。

（3）本书适用性较强，适合各类高等院校各专业学习，也可作为全国计算机等级考试二级（Access 数据库程序设计）的备考用书。

（4）本书凝聚了编写人员的教学经验和心得，编者系多年参与一线教学的教师，具有丰富的教学和培训经验。

本书由郭欣、赵任颖任主编，具体分工为：第 1、3、4 章和附录 E 由赵任颖编写，第 2、5、6 章和附录 A、B、C、D 由郭欣编写，第 7 章由郭欣、赵任颖共同编写。顾顺德主审。

由于时间仓促，加之编者水平有限，书中难免存在疏漏和不足之处，恳请广大读者批评指正。

编　者
2016 年 11 月

目 录

第 1 章

创建和设计表

本章主要涉及的内容是数据表的创建和操作，包括 37 个操作题。数据表是数据库的基础，不仅依存于数据库，也是数据库其他对象的操作数据来源。

主要知识点

1. 表的建立与维护

(1) 建立表结构：使用向导、使用表设计器、使用数据表。

(2) 设置字段属性及主键。

(3) 设置表属性。

(4) 输入不同类型的数据。

(5) 修改表结构：添加字段、修改字段、删除字段、调整字段顺序。

(6) 编辑表内容：添加记录、修改记录、删除记录、复制记录。

(7) 调整表外观：设置数据的格式、设置数据表的格式、改变字段顺序、调整行高和列宽、隐藏/取消隐藏字段、冻结/取消冻结字段、备份表。

(8) 查找、替换数据。

2. 表的高级操作

(1) 表间关系的概念：一对一、一对多、多对多。

(2) 建立表间关系。

(3) 设置参照完整性。

(4) 排序记录。

(5) 筛选记录：按内容选定筛选、按内容排除筛选、按窗体筛选、高级筛选。

3. 获取外部数据

(1) 导入数据。

(2) 追加数据。

(3) 链接数据。

(4) 导出数据。

1.1 表的建立与维护

涉及的知识点

使用"表设计"创建表，设置字段大小、字段类型、主键，创建查阅列表、有效性规则，输入数据。

操作要求

（1）打开素材文件夹 sc291301001 中的 samp1.accdb 数据库文件，建立表 student，结构如表 1-1 所示。

表 1-1 student 表的结构

字 段 名	数 据 类 型	字 段 大 小	格 式
编号	文本	5	
姓名	文本	4	
性别	文本	2	
年龄	数字	整型	
入学时间	日期/时间		短日期

（2）根据表结构，判断并设置主键。

（3）将"性别"字段值的输入设置为"男""女"列表选择。

（4）设置"年龄"字段的有效性规则为大于 15 且小于 70，有效性文本为"年龄不在范围内"。

（5）在表中输入数据，内容如图 1-1 所示。

图 1-1 表记录

（6）按原文件名保存。

提示

第 3 小题：将表 student 切换到"设计视图"。可以使用查阅向导为"性别"字段创建查阅列表。首先，在"性别"字段的数据类型中选择"查阅向导"，如图 1-2 所示；然后，在弹出的对话框内选择"自行键入所需的值"，如图 1-3 所示；单击"下一步"按钮，如图 1-4 所示，输入"男""女"，单击"完成"按钮即可。

图 1-2 选择"查阅向导"数据类型

第 4 小题：将表 student 切换到"设计视图"。设置"年龄"字段的有效性规则属性为">15 and<70"。

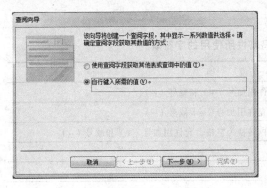

图 1-3 "查阅向导"对话框 1

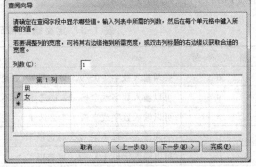

图 1-4 "查阅向导"对话框 2

实验二

涉及的知识点

使用"表设计"创建表，设置字段大小、字段类型、主键、输入掩码、默认值、有效性规则。

操作要求

（1）打开素材文件夹 sc291301002 中的 samp1.accdb 数据库文件，建立表 teacher，结构如表 1-2 所示。

表 1-2 teacher 表的结构

字 段 名	数 据 类 型	字 段 大 小	格 式
编号	文本	5	
姓名	文本	4	
年龄	数字	整型	
工作时间	日期/时间		短日期
在职否	是/否		
联系电话	文本	8	

（2）根据表结构，判断并设置主键。

（3）设置"联系电话"字段的输入掩码，要求前四位为"021-"，后 8 位为数字。

（4）设置"在职否"字段的默认值为真值。

（5）设置"工作时间"字段的有效性规则，要求只能输入上一年度 5 月 1 日（含）以前的日期（本年度年号必须用函数获取）。

（6）按原文件名保存。

提示

第 3 小题：将表 teacher 切换到"设计视图"。将"联系电话"字段的输入掩码属性设置为""021-"00000000"。其中"021-"需要用英文双引号括起来，因为它是直接显示的文本数据；"0"表示"必须输入数字（0～9，必选项），不允许用加号（+）和减号（-）"，此处需要8个"0"用来表示8位数字。表1-3所示为定义输入掩码属性所使用的字符表。

表1-3 定义输入掩码属性所使用的字符表

格 式 符 号	说　　明
0	必须输入数字（0～9，必选项），不允许用加号（+）和减号（-）
9	可以输入数字或空格（非必选项），不允许用加号（+）减号（-）
#	可以输入数字或空格（非必选项），空白转换为空格，允许用加号（+）和减号（-）
L	必须输入字母（A～Z，必选项）
?	可以输入字母（A～Z，可选项）
A	必须输入字母或数字（必选项）
a	可以输入字母或数字（可选项）
&	必须输入任何字符或空格（必选项）
C	可以输入任何字符或空格（可选项）
<	把其后的所有英文字符变为小写
>	把其后的所有英文字符变为大写
!	使输入掩码从右到左显示，而不是从左到右显示。可以在输入掩码中任何地方包括感叹号
\	使接下来的字符以原样显示
. , : ; - /	小数点占位符及千位、日期与时间分隔符。分隔符由控制面板的区域设置确定

第4小题：将"在职否"字段的默认值属性设置为"true"或者"yes"或者"-1"均可。如果默认值为假值，则可以设置属性值为"false"或者"no"或者"0"。

第5小题：在"工作时间"字段的"有效性规则"文本框中利用DateSerial、Year、Date函数计算。

注意：日期/时间函数包括以下几种。

（1）Date()

功能：返回当前系统日期。

函数格式：Date()

（2）Time()

功能：返回当前系统时间。

函数格式：Time()

（3）Now()

功能：返回当前系统日期和时间。

函数格式：Now()

（4）Year()

功能：返回日期表达式年份的整数。

函数格式：Year(<日期表达式>)

（5）Month()

功能：返回日期表达式月份的整数（1～12）。

函数格式：Month(<日期表达式>)

（6）Day()

功能：返回日期表达式日期的整数（1～31）。

函数格式：Day(<日期表达式>)

（7）Weekday()

功能：返回日期表达式星期的整数（1～7）。

函数格式：Weekday(表达式 1,return_type)

return_type 为 1 或省略时，1-7 代表星期日～星期六

return_type 为 2 时，1-7 代表星期一～星期日

return_type 为 3 时，0-6 代表星期一～星期日

（8）DateSerial()

功能：返回指定年月日的日期。

函数格式：DateSerial(表达式 1,表达式 2,表达式 3)

实验三

涉及的知识点

使用"表设计"创建表，设置字段大小、字段类型、有效性规则、默认值、输入掩码、说明。

操作要求

（1）打开素材文件夹 sc291301003 中的 samp1.accdb 数据库文件，建立表 book，结构如表 1-4 所示。

表 1-4　book 表的结构

字　段　名	数　据　类　型	字　段　大　小	格　式
编号	文本	10	
书名	文本	20	
单价	数字	单精度	小数 2 位
库存量	数字	整型	
入库日期	日期/时间		短日期
简介	备注		

（2）设置"入库日期"字段的有效性规则为"不可为空"，并且默认值为系统当前日期。

（3）设置"编号"字段的输入掩码：前面为"ISDN:"，后面为 5 个数字或字母。

（4）设置"书名"字段的说明为"请使用中文名称"。

（5）在"简介"字段前添加"书本密码"字段，并设置该字段显示为星号。

（6）按原文件名保存。

提示

第 1 小题："单价"字段以 2 位小数显示，不仅需要设置"单价"字段的"小数

位数"为 2，还需要设置"格式"属性为"固定"。

第 2 小题：将表 book 切换到"设计视图"。单击"入库日期"字段行，在"有效性文本"文本框内输入"is not null"。

第 5 小题：将表 book 切换到"设计视图"。设置"书本密码"字段显示为星号，是指将该字段的"输入掩码"的属性设置为"密码"，以创建密码项文本框。如图 1-5 所示，单击"书本密码"字段，在该字段的"输入掩码"属性的右侧单击"…"按钮，弹出图 1-6 所示的对话框，选择"密码"选项，单击"完成"按钮。

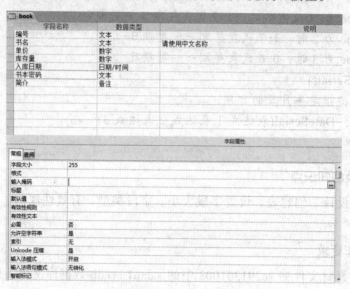

图 1-5 设置"书本密码"字段属性

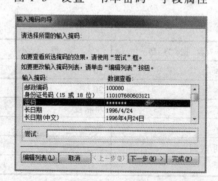

图 1-6 设置"书本密码"字段属性

实验四

🌐 **涉及的知识点**

使用"表设计"创建表，设置字段大小、字段类型、有效性规则、默认值、索引、必需、标题、隐藏字段。

📝 **操作要求**

（1）打开素材文件夹 sc291301004 里的 samp1.accdb 数据库文件，建立表 product，

结构如表 1-5 所示。

表 1-5　product 表的结构

字 段 名	数 据 类 型	字 段 大 小	格 　 式
编号	文本	10	
名称	文本	20	
单价	数字	单精度	小数 2 位
供货商	文本	20	
入库日期	日期/时间		短日期

（2）设置"入库日期"字段值的有效性规则为"不为空"，并且默认值为系统当前日期的前一天。

（3）设置"编号"字段为"必需"字段、无重复索引。

（4）设置"名称"字段的标题为"产品名称"。

（5）隐藏"供货商"字段。

（6）按原文件名保存。

提示

第 5 小题：将表 product 切换到"数据表视图"。右击"供货商"字段列，在弹出的快捷菜单中选择"隐藏字段"命令。

实验五

涉及的知识点

使用"表设计"创建表，设置字段大小、字段类型、默认值、输入掩码、插入字段，添加 OLE 对象。

操作要求

（1）打开素材文件夹 sc291301005 中的 samp1.accdb 数据库文件，建立表 worker，结构如表 1-6 所示。

表 1-6　worker 表的结构

字 段 名	数 据 类 型	字 段 大 小	格 　 式
编号	文本	5	
姓名	文本	4	
年龄	数字	整型	
工作时间	日期/时间		短日期
在职否	是/否		

（2）"工作时间"默认值设置为系统当前日期的后一天。

（3）设置"编号"字段的输入掩码为 5 个字母。

（4）在"姓名"和"年龄"之间添加一个新字段"照片"，类型为"OLE"对象。

（5）设置第一条记录的"照片"字段数据为素材文件夹 sc291301005 中的"照片.bmp"文件。

（6）按原文件名保存。

 提示

第 5 小题：将表 worker 切换到"数据表视图"。右击"第一条记录"字段行中的"照片"字段，在弹出的快捷菜单中选择"插入对象"命令。在弹出的对话框中选择"由文件创建"单选按钮，单击"浏览"按钮，选择素材文件夹下的"照片.bmp"，单击"打开"按钮，如图 1-7 所示。

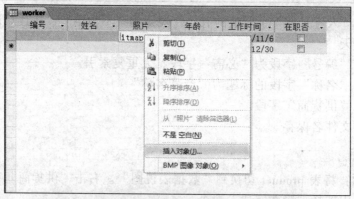

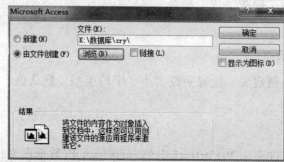

图 1-7　在"照片"字段中插入照片

实验六

涉及的知识点

使用"表设计"创建表，设置字段大小、字段类型、字段格式设置、有效性规则、隐藏字段。

操作要求

（1）打开素材文件夹 sc291301006 中的 samp1.accdb 数据库文件，在该数据库中新建一个名称为"门诊挂号"的数据表。表结构设置如表 1-7 所示。

表 1-7 "门诊挂号"表的结构

字 段 名	数 据 类 型	字 段 大 小	格 式
编号	数字	长整型	
病人编号	文本	20	
科室号	文本	8	
费用	数字	单精度	
时间	日期/时间		短日期

（2）设置"费用"字段以两位小数显示。

（3）将"时间"字段的格式设置为"××月××日××××"的形式。

（4）设置表的有效性规则为"费用"字段大于 10。

（5）隐藏"病人编号"字段。

（6）按原文件名保存。

提示

第 3 小题：将表"门诊挂号"切换到"设计视图"。单击"时间"字段行，在"格式"属性文本框内输入"mm 月 dd 日 yyyy"，输入完成后，Access 会自动将格式转换成"mm \月 dd \日 yyyy"。自定义"日期/时间"格式可使用的字符可参考表 1-8 所示。

表 1-8 "日期/时间"格式的字符表

格 式 符 号	说 明
:	时间分隔符
/	日期分隔符
c	与常规日期的预定义格式相同
d 或 dd	月中的日期，一位或两位表示（1～31 或 01～31）
ddd	英文星期名称的前三个字母（Sun～Sat）
dddd	英文星期名称的全名（Sunday～Saturday）
ddddd	与短日期的预定义格式相同
dddddd	与长日期的预定义格式相同
w	一周中的日期（1～7）
ww	一年中的周（1～53）

续表

格 式 符 号	说 明
m 或 mm	一年中的月份，一位或两位表示（1～12 或 01～12）
mmm	英文月份名称的前三个字母（Jan～Dec）
mmmm	英文月份名称的全名（January～Dscember）
q	一年中的季度（1～4）
y	一年中的天数（1～366）
yy	年度的最后两位数（01～99）
yyyy	完整的年（0100～9999）
h 或 hh	小时，一位或两位表示（0～23 或 00～23）
n 或 nn	分钟，一位或两位表示（0～59 或 00～59）
s 或 ss	秒，一位或两位表示（0～59 或 00～59）
tttt	与长时间的预定义格式相同
AM/PM 或 A/P	用大写字母 AM/PM 表示上午/下午的 12 小时的时钟
am/pm 或 a/p	用小写字母 am/pm 表示上午/下午的 12 小时的时钟
AMPM	有上午/下午标志的 12 小时的时钟。标志在 Windows 区域设置的上午/下午设置中定义

实验七

涉及的知识点

使用"表设计"创建表，设置字段大小、字段类型、有效性规则、有效性文本、默认值、unicode 压缩、输入掩码。

操作要求

（1）打开素材文件夹 sc291301007 中的 samp1.accdb 数据库文件，在该数据库中新建一个名称为"职员奖励表"的数据表。表结构设置如表 1-9 所示。

表 1-9　表"职员奖励表"的结构

字 段 名	数 据 类 型	字 段 大 小	格 式
职员编号	数字	长整型	
奖励类型	文本	20	
奖励金额	数字	单精度	
是否计入工资	是/否		
日期	日期/时间		短日期
事迹	备注		

（2）设置"职员编号"字段的有效性规则为不能为空值，索引为不可重复。

（3）设置"奖励金额"字段的有效性规则为大于 0，有效性文本为"不能为负数"。

（4）设置"是否计入工资"字段的默认值设置为"否"，"事迹"字段不进行 unicode 压缩。

（5）设置"奖励类型"字段的输入掩码为第 1 个字符为"D"，第 2 个字符开始的 4 位必须是 0~9 间的数字。

（6）按原文件名保存。

实验八

涉及的知识点

使用"表设计"创建表、设置字段大小、字段类型、必需字段、标题、有效性规则、冻结字段、外观格式。

操作要求

（1）打开素材文件夹 sc291301008 中的 samp1.accdb 数据库文件，在该数据库中新建一个名称为"当月工资表"的数据表。表结构如表 1-10 所示。

表 1-10 "当月工资表"的结构

字 段 名	数 据 类 型	字 段 大 小	格 式
职员编号	数字	长整型	
姓名	文本	20	
工资合计	数字	单精度	
应扣金额合计	数字	双精度	

（2）设置"应扣金额合计"字段为必需字段，标题为"应扣合计"。

（3）设置"职员编号"字段的有效性规则属性为不能为空。

（4）冻结"姓名"字段。

（5）设置数据表显示的字体大小为 14、行高为 18。

（6）按原文件名保存。

提示

第 4 小题：将表"当月工资表"切换到"数据表视图"。右击"姓名"字段列，在弹出的快捷菜单中选择"冻结字段"命令。

第 5 小题：将表"当月工资表"切换到"数据表视图"。单击"文本格式"组中的"字号"下拉按钮，选择 14。单击"记录"组中的"其他"下拉按钮，选择"行高"，在弹出的"行高"对话框中输入 18，单击"确定"按钮。

实验九

涉及的知识点

增加字段、默认值、有效性规则、输入掩码，调整字段顺序。

操作要求

（1）打开素材文件夹 sc291301009 中 samp3.accdb 数据库文件中的表 tDoctor，增加一个字段[入职时间（日期/时间，短时间）]。

（2）设置"入职时间"字段的默认值为当前系统时间。

（3）设置"性别"字段的默认值为"男"；"年龄"字段的有效规则为大于 27，且小于 65。

（4）修改"医生 ID"字段的输入掩码为第一位必须为字母，后面 3 位必须为数字。

（5）在"入职时间"后增加一个字段，字段名为"年龄更新"，字段值为年龄更新 = 年龄+5，计算结果的"结果类型"为"单精度型"，"格式"为"固定"，"小数位数"为 1。

（6）按原文件名保存。

提示

第 5 小题：在"入职时间"后增加"年龄更新"字段，数据类型为"计算"，在弹出的窗口中输入"[年龄]+5"或在"常规"选项卡的表达式行内输入"[年龄]+5"；"结果类型""格式""小数位数"均在常规选项卡中设置。

实验十

涉及的知识点

查找替换、添加字段、小数位数、隐藏字段、外观格式、有效性规则、有效性文本。

操作要求

（1）打开素材文件夹 sc291301010 中 samp4.accdb 数据库文件中的表 tGrade，将"课程编号"字段内的"101"全部替换为"102"。

（2）增加"分数"字段，数据类型为"数字，单精度，保留 2 位小数"。

（3）将"分数"字段隐藏。

（4）设置数据可选行颜色为"浅绿"，单元格效果为"凸起"。

（5）为 tStudent 表的"性别"字段定义有效性规则，只能输入"男"或"女"，出错提示文本信息是"性别必须是男或女"。

（6）按原文件名保存。

提示

第 1 小题：将表 tGrade 切换到"数据表视图"。选择"课程编号"字段列，单击"查找"组中的"替换"按钮，在弹出的"查找和替换"对话框内完成替换操作。

第 4 小题：将表 tGrade 切换到"数据表视图"。单击"文本格式"组右下角的对话框启动器按钮，弹出"设置数据表格式"对话框，在该对话框中完成外观格式设置。

第 5 小题：将表"tGrade"切换到"设计视图"。在"性别"字段的有效性规则文本框中输入""男"or"女""。

实验十一

涉及的知识点

添加字段、字段格式、必需、移动字段、有效性规则、有效性文本、查找替换。

操作要求

（1）打开素材文件夹 sc291301011 中的 samp3.accdb 数据库文件，给 tPatient 表增加一个"出生日期"字段，日期/时间型，短日期。

（2）"出生日期"字段的"必需"属性设置为"不允许为空"。

（3）将"年龄"字段放置在"出生日期"字段后面。

（4）设置"出生日期"字段的有效性规则为"2000 年（含）以后的日期"，同时设置有效性文本为"请输入有效日期"。

（5）将"地址"字段内的"北京市"改成"北京"。

（6）按原文件名保存。

提示

第 2 小题：将表 tPatient 切换到"设计视图"。将"出生日期"字段的必需属性设置为"是"。注意：这里需要区分与有效性规则的区别。

第 4 小题：将表 tPatient 切换到"设计视图"。将"出生日期"字段的有效性规则设置为">=#2000/1/1#"。

第 5 小题：将表 tPatient 切换到"数据表视图"。选择"地址"字段列，单击"查找"组中的"替换"按钮，在弹出的"查找和替换"对话框内完成替换操作，注意更改"匹配"选项为"字段任何部分"。

实验十二

涉及的知识点

外观格式、表的另存为、删除记录、表的有效性规则、输入掩码。

操作要求

（1）打开素材文件夹 sc291301012 中的 samp5.accdb 数据库文件中的表 tQuota1，设置数据表显示的字体为斜体，颜色为红色，字体大小为 14。

（2）将表 tQuota1 另存为 source。

（3）删除表 tQuota1 中最高储备量大于等于 40000 的记录。

（4）设置"tQuota1"表的有效性规则为"最低储备"的值必须小于"最高储备"的值。

（5）设置"tQuota1"表的"产品 ID"字段必须输入 6 位数字。

（6）按原文件名保存。

提示

第 2 小题：表的另存为可以通过表的复制和粘贴或文件——对象另存为完成。

第 3 小题：先选中最高储备量大于等于 40000 的记录，然后按 delete 键删除。

第 4 小题：将表 tQuota1 切换到"设计视图"。单击"设计"选项卡"显示/隐藏"组中的"属性表"按钮，在打开的"属性表"任务窗格中设置有效性规则为[最低储备]<[最高储备]，如图 1-9 所示。注意区分"表"的"有效性规则"和"字段"的"有效性规则"设置。

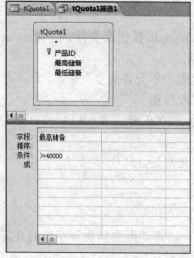

图 1-8　高级筛选

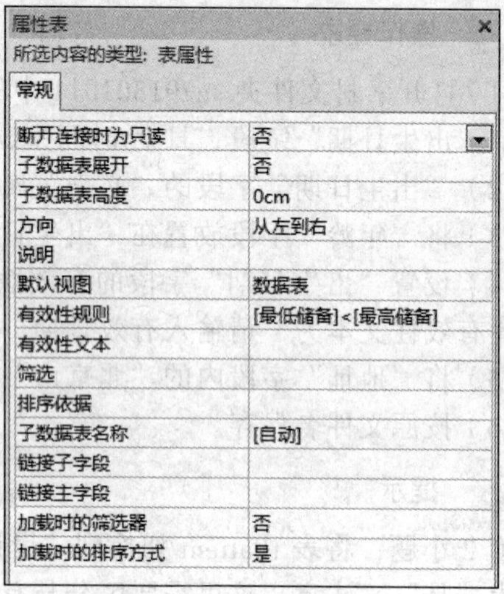

图 1-9　属性表

第 5 小题：将表 tQuota1 切换到"设计视图"。设置"产品 ID"字段的输入掩码即可。

1.2　表的高级操作

实验一

涉及的知识点

外观格式、字段大小、排序、冻结、创建表间关系。

操作要求

（1）打开素材文件夹 sc291302001 中 samp3.accdb 数据库文件中的表 tSubscribe，设置数据表显示的字体大小为 14、行高为 18。

（2）将"预约日期"字段设置为"**月**日****年"的显示形式，注意月、日都是两位，年为 4 位。

（3）将所有记录按"预约日期"降序排序。

（4）设置表格式，确保在浏览数据表时，"病人 ID"字段列不移出屏幕（冻结"病人 ID"字段）。

（5）建立表 tSubscribe 和表 tPatient 之间的关系，并设置实施参照完整性。

（6）按原文件名保存。

实验二

涉及的知识点

备份表、查阅列表、筛选、有效性规则、创建表间关系。

操作要求

（1）打开素材文件夹 sc291302002 中 samp4.accdb 数据库文件中的表 tStudent，设

置表 tStudent 中"性别"字段的输入值为"男""女"列表选择。

（2）分析学生的出生月份，出生月份在 8 月到 9 月（含 8 月和 9 月）的学生的"说明"字段的值设置为"新生"。

（3）"学号"字段的有效性规则为不可为空值。

（4）建立表"tStudent"和表"tGrade"之间的关系，并设置实施参照完整性。

（5）备份 tStudent 表，表名为"tStudent 的副本"。

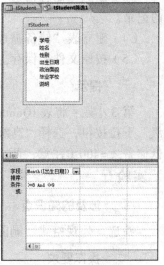

 提示

第 2 小题：将表 tStudent 切换到"数据表视图"。单击"排序和筛选"组中"高级"下拉按钮，选择"高级筛选/排序"，利用 month() 函数筛选出月份在 8 月到 9 月之间的记录，如图 1-10 所示。输入完毕后，单击"排序和筛选"组中的"切换筛选"按钮，筛选出符合条件的记录。对筛选出的记录，分别设置"说明"字段的值为"新生"。

第 5 小题：备份表可以通过表的复制和粘贴完成。

图 1-10　高级筛选

实验三

 涉及的知识点

备份表、添加字段、默认值、冻结字段、查找替换、排序。

操作要求

（1）打开素材文件夹 sc291302003 中 samp3.accdb 数据库文件中的表 tDoctor，将其备份，备份表名称为"医生 1"。

（2）在表 tDoctor 中增加一个"在职否"字段，"是/否"类型，默认值设定为"真"。

（3）冻结表中的"年龄"字段。

（4）将 tDoctor 表中"专长"字段值内的"科"全部改为"专科"。

（5）将数据表按"职称"字段升序排序。

（6）按原文件名保存。

 提示

第 4 小题：将表 tDoctor 切换到"数据表视图"。选择"专长"字段列，单击"查找"组中的"替换"按钮，在弹出的"查找和替换"对话框内完成替换操作。

实验四

涉及的知识点

筛选、外观格式、表的另存为、删除记录、创建表间关系。

操作要求

（1）打开素材文件夹 sc291302004 中 samp5.accdb 数据库文件中的表 tQuota1，设置数据表显示的字体颜色为红色，字体类型为宋体，字体大小为 14，列宽为 18。

（2）将表另存为"储备筛选"。

（3）删除"储备筛选"表中"最低储备小于等于 400，或者最高储备小于 60000"的记录。

（4）建立表"储备筛选"和表 tStock1 之间的关系。

（5）按原文件名保存。

 提示

第 3 小题：将表 tQuota1 切换到"数据表视图"。单击"排序和筛选"组中的"高级"下拉按钮，选择"高级筛选/排序"，添加两个筛选条件：最高储备 < 60000、最低储备 < =400（注意：两个条件之间为"或"关系），然后再删除筛选出的记录。

实验五

涉及的知识点

筛选、外观格式、删除字段、有效性规则、冻结字段。

操作要求

（1）打开素材文件夹 sc291302005 中 samp6.accdb 数据库文件中的表 tStock，设置数据表显示的字体大小为 14、列宽为 10。

（2）将单价在 20 到 30（不含 20 和 30）之间的节能灯单价改为 30。

（3）删除"备注"字段。

（4）为"单位"字段定义有效性规则，只能输入"只"或"箱"。

（5）冻结"产品 ID"字段。

（6）按原文件名保存。

提示

第 2 小题：单击"排序和筛选"组中的"高级"下拉按钮，选择"高级筛选/排序"，添加两个筛选条件：单价>20 and

单价<30，产品名称为"节能灯"；找出结果后将符合筛选条件的"单价"字段值修改为 30。

实验六

涉及的知识点

主键、筛选、取消隐藏、字段格式、创建表间关系。

操作要求

（1）打开素材文件夹 sc291302006 中 samp6.accdb 数据库文件中的表 tStock，设置主键。

（2）将单价在 20 到 100 之间（不含）或者库存量大于 2000 的日光灯备注信息修改为"关注"。

（3）将"产品 ID"字段取消隐藏。

（4）将"单价"字段格式属性设置为"货币"。

（5）建立表 tStock 和表 tQuota 之间的关系，并实施参照完整性。

（6）按原文件名保存。

 提示

第 2 小题：将表 tStock 切换到"数据表视图"。单击"排序和筛选"组中的"高级"下拉按钮，选择"高级筛选/排序"，查找单价在小于 100 大于 20 之间或者库存数量大于 2000 的日光灯的记录，如图 1–11 所示。对筛选出的记录，分别设置"备注"字段的值为"关注"。

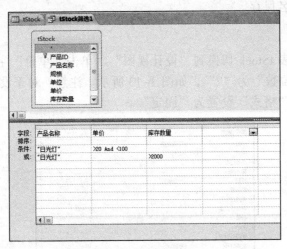

图 1–11　高级筛选

第 3 小题：将表 tStock 切换到"数据表视图"。单击"记录"组中的"其他"下拉按钮，选择"取消隐藏字段"，在弹出的"取消隐藏列"对话框中，勾选"产品 ID"复选框，如图 1–12 所示，最后单击"关闭"按钮。

图 1–12　"取消隐藏列"对话框

实验七

 涉及的知识点

主键、字段类型、保留小数、标题、筛选、输入掩码。

操作要求

（1）打开素材文件夹 sc291302007 中 samp6.accdb 数据库文件中的表 tStock，设置主键。

（2）设置"单价"字段显示为货币形式￥，保留 2 位小数。

（3）修改"单价"字段的标题为"产品单价"。

（4）筛选出产品名称中含"能"的产品，为其添加备注信息"节能"。

（5）添加"用户密码"字段，字段类型为文本，要求在该字段中输入任何字符都以星号显示。

（6）按原文件名保存。

提示

第 2 小题：将表 tStock 切换到"设计视图"。单击"单价"字段，设置"格式"为"货币"，"小数位数"为"2"，如图 1-13 所示。注意：对于没有货币符号的数字保留小数，需要将"格式"设置为"固定"。

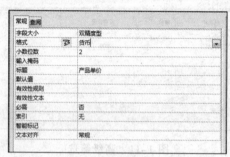

图 1-13 保留小数

第 4 小题：将表 tStock 切换到"数据表视图"。单击"排序和筛选"组中的"高级"下拉按钮，选择"按窗体筛选"，在"产品名称"字段下利用通配符计算。对筛选出的记录，分别设置"备注"字段的值为"节能"。

第 5 小题：将表 tStock 切换到"设计视图"。设置"用户密码"字段的输入掩码为"密码"即可。

实验八

 涉及的知识点

添加字段、字段类型、字段属性、主键、筛选、查阅列表、有效性规则。

 操作要求

（1）打开素材文件夹 sc291302008 中数据库文件 Hospital.accdb 中的表 tSubscribe，增加"病历"字段，字段类型为"备注"，字段的"必需"属性设置为"允许为空"。

（2）设置 tSubscribe 表的主关键字。

（3）将 tDoctor 表中"副主任医师"的备注信息改为"重点培养"。

（4）为 tDoctor 表中的"职称"字段的创建查阅列表，列表中显示为"助理医师""主任医师"或"副主任医师"。

（5）删除 tDoctor 表中的专长字段，并设置年龄的有效性规则为输入年龄必须在

18 岁～60 岁之间（不含）。

（6）按原文件名保存。

提示

第 2 小题：tSubscribe 表的主键为复合主键，由字段"病人 ID""科室 ID""医生 ID"构成。

第 3 小题：将表 tDoctor 切换到"数据表视图"。单击"职称"字段右边的下拉按钮，勾选"副主任医师"，然后分别设置"备注"字段的值为"重点培养"。

第 4 小题：将表 tDoctor 切换到"设计视图"。使用查阅向导为"职称"字段创建查阅列表。

实验九

涉及的知识点

筛选、删除字段、默认值、排序、外观格式、主键、创建表间关系。

操作要求

（1）打开素材文件夹 sc291302009 中的 Employee.accdb 数据库文件，删除"员工表"表中 1965 年以前（不含 1965）聘用的雇员记录。

（2）将"员工表"中"职务"字段的"默认值"设置为"职员"。

（3）按"年龄"字段从小到大排列。

（4）设置"员工表"显示的文字字体为"华文行楷"、可选行颜色为"浅蓝 4"。

（5）设置"员工表"的主键，并建立"员工表"和"部门表"两表之间的关系。

（6）按原文件名保存。

提示

第 1 小题：将　"员工表"切换到"数据表视图"。单击"排序和筛选"组中的"高级"下拉按钮，选择"按窗体筛选"，在"聘用时间"字段下输入条件"<#1965/1/1#"。

第 3 小题："年龄"从小到大排列是指将"年龄字段"升序排序。

实验十

涉及的知识点

查阅列表、筛选、删除字段、外观格式、说明。

操作要求

（1）打开素材文件夹 sc291302010 中数据库文件"Employee.accdb"中的"员工表"，为"性别"字段创建查阅列表，列表中显示"男"和"女"两个值。

（2）给 2001 年之后（不含 2001 年）入职的或者年龄超过 60 岁的员工添加"备注"字段信息：体检。

（3）设置数据表显示的字体颜色为红色，字体大小为 15 号。

（4）删除"姓名"字段中含有"红"的所有员工记录。

（5）设置"所属部门"字段的说明为"部门号"。

（6）按原文件名保存。

 提示

第 1 小题：将"员工表"切换到"设计视图"。使用查阅向导为"性别"字段创建查阅列表。

第 2 小题：将"员工表"切换到"数据表视图"。单击"排序和筛选"组中的"高级"下拉按钮，选择"高级筛选/排序"，筛选出 2001 年之后入职的记录或者年龄超过 60 岁的员工记录，如图 1-14 所示。对筛选出的记录，分别设置"备注"字段的值为"体检"。

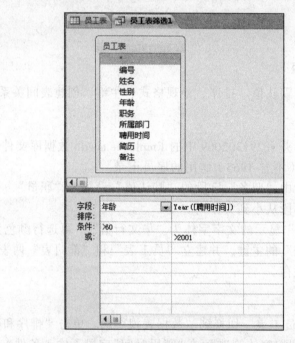

图 1-14 高级筛选

第 4 小题：将"员工表"切换到"数据表视图"。单击"排序和筛选"组中的"高级"下拉按钮，选择"按窗体筛选"，在"姓名"字段下利用通配符计算，然后再删除筛选出的记录。

第 5 小题：将"员工表"切换到"设计视图"。单击"所属部门"字段行，在"说明"属性内输入文字"部门号"，如图 1-15 所示。

字段名称	数据类型	说明
编号	文本	
姓名	文本	
性别	文本	
年龄	数字	
职务	文本	
所属部门	文本	部门号
聘用时间	日期/时间	
简历	文本	
备注	文本	

图 1-15 "说明"属性

1.3 获取外部数据

涉及的知识点

导入表、默认值、交换字段位置、查阅列表、输入掩码、外观格式。

操作要求

（1）打开素材文件夹 sc291303001 中的"yjy.accdb"数据库文件，通过 Excel 文件 employee.xlsx 导入新表 Employee。

（2）将 Employee 表中"职称"的默认值设定为"讲师"。交换"姓名"字段和"ID"字段。

（3）将"性别"字段值的输入设置为"男""女"列表选择。

（4）"职工 ID"字段的输入掩码为 10 个数字或字母。

（5）设置数据表的行高为 20，字体为蓝色。

（6）按原文件名保存。

涉及的知识点

导入表、增加记录、默认值、外观格式、查找替换。

操作要求

（1）打开素材文件夹 sc291303002 中的 research.accdb 与 samp2.accdb 数据库文件，将 samp2.accdb 中的表 tBranch 导入到 research.accdb 中，成为一个新表。

（2）在新表 tBranch 中增加一行记录（"004"，"商业管理"，555）。

（3）在新表 tBranch 中添加"聘用时间"字段，数据类型为"日期"，默认值为系统当前年的 11 月 11 日。

（4）设置新表 tBranch 的数据显示格式：字体为粗体，单元格效果为"凸起"。

（5）将新表 tBranch"部门名称"字段中的"商业"替换为"商务"。

（6）按原文件名保存。

提示

第 4 小题：将表 tBranch 切换到"数据表视图"。单击"文本格式"组中的"加粗"按钮。单击"文本格式"组右下角的对话框启动器按钮，弹出"设置数据表格式"对话框，如图 1-16 所示，在"单元格效果"选项中选择"凸起"单选按钮。

第 5 小题：将表 tBranch 切换到"数据表视图"。选择"部门名称"字段列，单击"查找"组中的"替换"按钮，在弹出的"查找和替换"对话框输入图 1-17 所示的内容，完成替换操作。

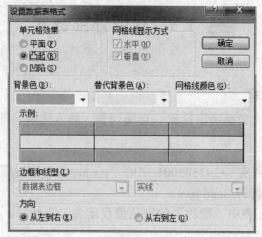

图 1-16 "设置数据表格式"对话框

图 1-17 "查找和替换"对话框

实验三

 涉及的知识点

必需、字段大小、输入掩码、删除记录、排序、导入表。

 操作要求

（1）打开素材文件夹 sc291303003 中 samp3.accdb 数据库文件中的表 tOffice，将"科室名称"字段设置为必需。

（2）将"科室 ID"字段大小设置为 10 ，并设置输入掩码为 3 个数字。

（3）删除科室为"005"的记录。

（4）将所有记录按"科室名称"升序排序。

（5）将素材文件夹 sc291303003 中的 14Test.txt 数据导入到 samp3.accdb 中，要求导入其中的"编号""姓名""职务"3 个字段，选择"编号"为主键，新表文件名为默认选项。

提示

第 5 小题：单击"外部数据"选项卡"导入并链接"组中的"文本文件"按钮，在弹出的"获取外部数据-文本文件"对话框内，通过"浏览"按钮更改源数据的路径，确保选中"将源数据导入当前数据库的新表中"单选按钮，如图 1-18 所示。

单击"确定"按钮，弹出"导入文本向导"对话框 1，如图 1-19 所示。

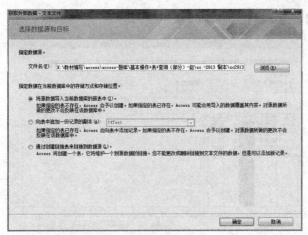

图 1-18 "获取外部数据-文本文件"对话框

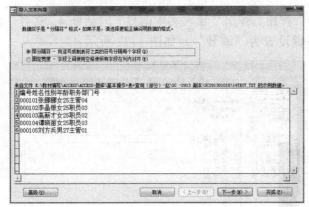

图 1-19 "导入文本向导"对话框 1

单击"下一步"按钮,弹出"导入文本向导"对话框 2,勾选"第一行包含字段名称"复选框,如图 1-20 所示。

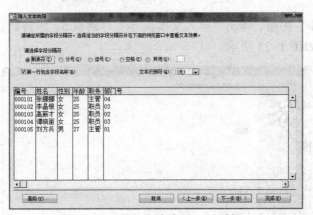

图 1-20 "导入文本向导"对话框 2

单击"下一步"按钮,弹出"导入文本向导"对话框 3,单击"性别"字段列后,勾选"不导入字段(跳过)"复选框,如图 1-21 所示。以同样的方法设置"职务"

字段列、"部门号"字段列。

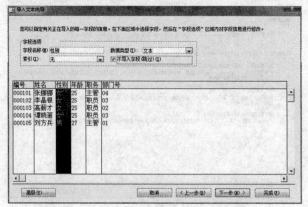

图 1-21 "导入文本向导"对话框 3

单击"下一步"按钮，弹出"导入文本向导"对话框 4，选择"我自己选择主键"单选按钮，并将主键设置为"编号"，如图 1-22 所示。

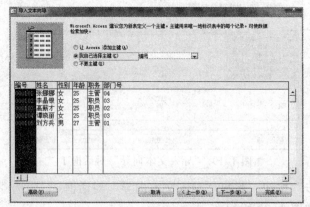

图 1-22 "导入文本向导"对话框 4

单击"下一步"按钮，弹出"导入文本向导"对话框 5，保持默认选项，单击"完成"按钮即可，如图 1-23 所示。

图 1-23 "导入文本向导"对话框 5

实验四

涉及的知识点

字段大小、默认值、输入掩码、筛选、删除记录、排序、导出表。

操作要求

（1）打开素材文件夹 sc291303004 中 samp3.accdb 数据库文件中的表 tPatient，将"性别"字段大小设置为 2，并且默认值为"女"。

（2）设置"电话"字段输入掩码为"021-"，后面为 8 个数字。

（3）删除"姓名"字段中含有"王"字的记录。

（4）将所有记录按"年龄"升序排序。

（5）将表 tPatient 中的数据导出为 tPatient.xlsx 文件，保留格式，并保存在素材文件夹 sc291303004 下。

（6）按原文件名保存。

提示

第 3 小题：将表 tPatient 切换到"数据表视图"。单击"排序和筛选"组中的"高级"下拉按钮，选择"按窗体筛选"，在"姓名"字段下利用通配符计算，如图 1-24 所示。输入完毕后，单击"排序和筛选"组中的"切换筛选"按钮，筛选出符合条件的记录。选中筛选出的所有记录，右击，选择"删除记录"命令。

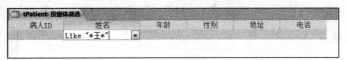

图 1-24 窗体筛选

第 5 小题：单击"外部数据"选项卡"导出"组中的 Excel 按钮，在弹出的"导出-Excel 电子表格"对话框内，通过"浏览"按钮更改目标数据存放的路径，勾选"导出数据时包含格式和布局"复选框，如图 1-25 所示。

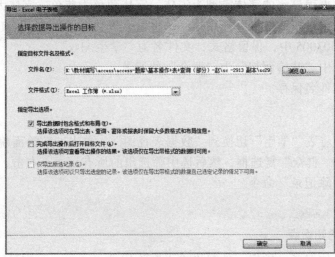

图 1-25 "导出-Excel 电子表格"对话框

单击"确定"按钮，弹出"保存导出步骤"对话框，保持默认选项，单击"关闭"按钮即可，如图 1-26 所示。

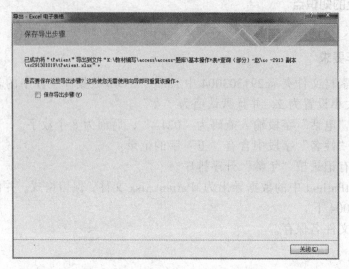

图 1-26　"保存导出步骤"对话框

实验五

涉及的知识点

表重命名、添加字段、外观格式、排序、导出表、筛选、删除记录。

操作要求

（1）打开素材文件夹 sc291303005 中 samp4.accdb 数据库文件中的表 tStudent，重命名表名为"学生"。

（2）增加一个"照片"字段，对象类型为"OLE"，并将学号为"99102101"的照片字段数据设置为素材文件夹 sc291303005 中的 photo.bmp 文件。

（3）设置数据表显示的字体类型为宋体、字体颜色为蓝色、字体大小为 20。

（4）将所有记录按"性别"降序排序，将学生表数据导出为 Excel 文件保存在素材文件夹 sc291303005 中，保留格式，文件名为"学生.xlsx"。

（5）删除表中"政治面貌"为"群众"的记录。

（6）按原文件名保存。

提示

第 5 小题：将表"学生"切换到"数据表视图"。单击"政治面貌"字段右边的下拉按钮，勾选"群众"复选框，然后选中筛选出的所有记录，右击，在弹出的快捷菜单中选择"删除记录"命令。

实验六

涉及的知识点

导入表、添加记录、排序、外观格式、删除记录。

操作要求

（1）打开素材文件夹 sc291303006 中的 samp3.accdb 数据库文件，将素材文件夹 sc291303006 中 samp4.accdb 数据库文件中的 tStudent 表导入到 samp3.accdb 中。

（2）在 tStudent 表中增加一条记录（"99102318"，"李丽"，"女"，"1981/9/29"，"团员"，"北京一中"）。

（3）按"出生日期"字段升序排序。

（4）将所有数据的字体大小设置为 14，列宽设置为 18。

（5）删除表中姓"王"的学生记录。

（6）按原文件名保存。

提示

第 5 小题：将表 tStudent 切换到"数据表视图"。单击"排序和筛选"组中的"高级"下拉按钮，选择"按窗体筛选"，在"姓名"字段下利用通配符计算，选中筛选出的所有记录，右击，在弹出的快捷菜单中选择"删除记录"命令。

实验七

涉及的知识点

删除字段、添加字段、字段类型、字段格式、有效性规则、有效性文本、主键、创建表间关系、链接表。

操作要求

（1）打开素材文件夹 sc291303007 中的数据库文件 StuSc.accdb，将 tGrade 表中的成绩 ID 字段删除，增加一个"课程分数"字段，字段类型为数字，单精度类型。

（2）设置"课程分数"字段的有效性规则为大于 0 且小于 100，有效性文本为"请输入有效的分数"。

（3）分别设置 tGrade 表和 tStudent 表的主键（tGrade 表中主键为复合主键，由"学号"和"课程编号"组成）。

（4）建立表 tStudent 与表 tGrade 之间的关系，并实施参照完整性。

（5）将素材文件夹 sc291303007 内 tCourse.xlsx 文件中的数据链接到当前数据库中，并将数据中的第一行作为字段名，链接表对象命名为 tCourse。

提示

第 3 小题：tGrade 表的主键为复合主键，由"学号"和"课程编号"构成。

第 5 小题：单击"外部数据"选项卡"导入并链接"组中的 Excel 按钮，在弹出的"获取外部数据–Excel 电子表格"对话框内，通过"浏览"按钮更改源数据的路径，选中"通过创建链接表来链接到数据源"单选按钮，如图 1-27 所示。

单击"确定"按钮，弹出"链接数据表向导"对话框 1，如图 1-28 所示。

图 1-27 "获取外部数据-Excel 电子表格"对话框

图 1-28 "链接数据表向导"对话框 1

单击"下一步"按钮，弹出"链接数据表向导"对话框 2，勾选"第一行包含列标题"复选框，如图 1-39 所示。

图 1-29 "链接数据表向导"对话框 2

单击"下一步"按钮，弹出"链接数据表向导"对话框 3，保持默认选项，单击"完成"按钮即可，如图 1-30 所示。

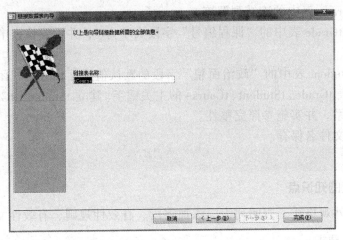

图 1-30 "链接数据表向导"对话框 3

实验八

涉及的知识点

主键、字段格式、输入掩码、隐藏字段、外观格式、导出表。

操作要求

（1）打开素材文件夹 sc291303008 中数据库文件 Matiral.accdb 中的 tStock 表，判断并设置主关键字，同时设置"产品 ID"字段允许空字符串。

（2）设置"规格"字段的输入掩码为 9 位字符。其中，前 3 位只能是数字，第 4 位为大写字母 V，第 5 位为字符"-"，最后一位为大写字母 W，其他均为数字。

（3）隐藏"备注"字段。

（4）设置 tStock 表的单元格效果为"凹陷"，背景色为"蓝色"，网格线颜色为"白色"。

（5）将表 tStock 数据导出为 Excel 文件并保存在素材文件夹 sc291303008 中，保留格式，文件名为"tStock-1.xlsx"。

提示

第 2 小题：将表 tStock 切换到"设计视图"。将"规格"字段的输入掩码设置为"000"V"-"000"W""。

实验九

涉及的知识点

导入表、冻结、字段大小、必填属性、默认值、创建表间关系。

操作要求

（1）打开素材文件夹 sc291303009 中的数据库文件 StuSc.accdb，将素材文件夹

sc291303009 中的 tCourse.xlsx 文件导入到 StuSc.accdb 数据库中，自己选择主键，表名为 tCourse。

（2）将 tGrade 表中的冻结列解冻。

（3）修改 tGrade 表中的"课程编号"字段大小为 8，并设置该表中的"学号"为必填字段。

（4）将 tStudent 表中的"政治面貌"字段的默认值属性设置为"团员"。

（5）设置表 tGrade、tStudent、tCourse 的主关键字。建立 tStudent、tGrade 和 tCourse 三表之间的关系，并实施参照完整性。

（6）按原文件名保存。

实验十

涉及的知识点

导入表、外观格式、查阅列表、添加字段、有效性规则、有效性文本、默认值。

操作要求

（1）打开素材文件夹 sc291303010 中的 yjy.accdb 数据库文件，将素材文件夹 sc291303010 中 employee.accdb 中的表 Employee 导入 yjy.accdb 中，成为一个新表。

（2）设置单元格效果为"凹陷"，背景色为"白色"，网格线颜色为"蓝色"。

（3）为"职称"字段创建查阅列表，列表中显示"副教授""教授"和"讲师"3 个值。

（4）添加"入校时间"字段，类型为"日期/时间"，设置入校时间必须为 9 月。"有效性文本"内容为"输入月份有错，请重新输入"。

（5）添加"年龄"字段，要求只能输入两位数字，并设置默认值为 25。

（6）按原文件名保存。

提示

第 1 小题：单击"外部数据"选项卡"导入并链接"组中的 Access 按钮，在弹出的"获取外部数据-Access 数据库"对话框内，通过"浏览"按钮更改源数据的路径，选中"将表、查询、窗体、报表、宏和模块导入当前数据库"单选按钮，如图 1-31 所示。

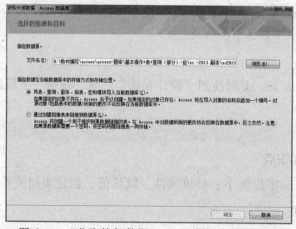

图 1-31　"获取外部数据-Access 数据库"对话框

单击"确定"按钮，弹出提示信息对话框，如图1-32所示。

图 1-32　提示信息对话框

单击"确定"按钮，弹出"导入对象"对话框，选择"表"选项卡下的 Employee，如图1-33所示。

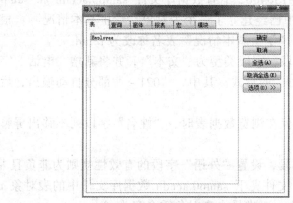

图 1-33　"导入对象"对话框

单击"确定"按钮后，保持默认选项，单击"关闭"按钮。

第4小题：单击"入校时间"字段行，利用 month 函数设置"有效性规则"

第5小题：单击"年龄"字段行，设置"输入掩码"为00，"默认值"为25。

1.4 综 合 练 习

实验一

涉及的知识点

设置主键、字段大小、添加字段、格式、小数位数、有效性规则、字段宽度。

操作要求

（1）在素材文件夹 sc291304001 下有 samp1.accdb 数据库文件，并且已建立表对象 tEmp 和 tSalary。试按以下要求，完成表的各种操作。根据 tSalary 表的结构，判断并设置主键；将 tSalary 表中的"工号"字段的字段大小设置为10。

（2）在 tSalary 表中增加一个字段，字段名为"百分比"，字段值为：百分比 = 水电房租费/工资，计算结果的"结果类型"为"单精度型"，"格式"为"百分比"，"小数位数"为2。

（3）将 tSalary 表中的"年月"字段的有效性规则设置为只能输入本年度5月1日以前（不含5月1日）的日期（要求：本年度年号必须用函数获取）。

（4）将表的有效性规则设置为输入的水电房租费小于输入的工资。

（5）将"工资"字段的显示宽度设置为 20。

实验二

涉及的知识点

表的重命名、添加字段、设置输入掩码、冻结字段、外观格式、删除字段、有效性规则、导入数据。

操作要求

（1）素材文件夹 sc291304002 下有数据库文件 samp0.accdb 和 samp1.accdb。在 samp1.accdb 数据库文件中已经建立了一个表对象"学生基本情况"。根据以下操作要求，完成各种操作。将"学生基本情况"表名称改为 tStud。

（2）新增"电话"字段，字段类型为"文本"，并将新增"电话"字段的输入掩码设置为"021－********"的形式。其中，"021－"部分自动输出，后 8 位为 0 到 9 的数字显示。

（3）设置表格式，确保在浏览数据表时，"姓名"字段列不移出屏幕，且网格线颜色为黑色。

（4）删除"数学"字段，设置"外语"字段的有效性规则为非负且非空。

（5）将 sc291304010 文件夹下 samp0.accdb 数据库文件中的表对象 tTest 导入到 samp1.accdb 数据库文件中，要求导入表对象重命名为 tTemp。

实验三

涉及的知识点

设置主键、创建查阅列表、筛选、格式、排序、有效性规则、默认值、外观格式。

操作要求

（1）在素材文件夹 sc291304003 下有 StuSc.accdb 和 Excel 文件 tCourse.xlsx 文件。在 StuSc.accdb 数据库文件中已经建立了表对象 tGrade 和 tStudent。根据以下操作要求，完成各种操作。根据 tStudent 表的结构，判断并设置主键；将"政治面貌"字段值的输入设置为"团员""党员""群众"列表选择。

（2）将出生日期的月份在 9 月份之后的（包含 9 月）的学生信息删除。

（3）设置 tStudent 表的"出生日期"字段的格式为"××月××日××××年"形式，并按照"姓名"升序排序。

（4）设置表 tStudent 中的"出生日期"字段值的有效性规则为"不为空"，并且默认值为系统当前日期的前一天。

（5）设置 tStudent 表的单元格效果为"凹陷"，背景色为"蓝色"，网格线颜色为"白色"。

实验四

涉及的知识点

设置主键、格式、有效性规则、默认值、输入掩码、外观格式、添加字段、导入数据。

📝 **操作要求**

（1）在素材文件夹 sc291304004 下有 samp1.accdb 数据库文件和 Teacher.xlsx 文件。在 samp1.accdb 数据库文件中已经建立了一个表对象 teacher。试按以下要求，完成表的各种操作。判断并设置主键，并将 teacher 表中的"出生日期"字段的格式设置为"×××月××日××××年"形式。

（2）将"工作时间"字段的有效性规则设置为只能输入上一年度 10 月 21 日以前（含 10 月 21 日）的日期（要求：本年度年号必须用函数获取）；将表的有效性规则设置为输入的出生日期小于输入的工作时间。

（3）将"在职否"字段的默认值设置为真值，设置"邮箱密码"字段的输入掩码为 6 位星号密码形式。

（4）设置数据表显示的行高为 18，"教师编号"字段列宽为 14。

（5）在表中添加"性别"字段，然后将 Teacher.xlsx 文件中的数据导入 teacher 表中。

实验五

🔰 **涉及的知识点**

设置主键、创建查阅列表、有效性规则、插入 OLE 对象、外观格式、筛选、导出数据。

📝 **操作要求**

（1）在素材文件夹 sc291304005 下已有一个数据库文件 samp1.accdb 和一个图像文件"照片.bmp"。在数据库文件中已经建立了一个表对象 tStud。请按以下操作要求，完成各种操作。根据 tStud 表的结构，判断并设置主键；将"性别"字段值的输入设置为"男""女"列表选择。

（2）设置"入校时间"字段的有效性规则和有效性文本，具体规则是：输入日期必须是 2010 年 9 月期间的日期（包括 2010 年 9 月 1 日和 2010 年 9 月 30 日）；有效性文本内容为"输入的日期有误，重新输入。"。

（3）将学号为"20011002"学生的"照片"字段值设置为考生文件夹下的"照片.bmp"图像文件，并设置单元格效果为"凸起"，替代背景色为"黄色"，网格线颜色为"蓝色"。

（4）将截至 2008 年，入校超过 4 年（不包含 4 年）的学生信息删除。

（5）将表 tStud 数据导出为 Excel 文件保存在素材文件夹中，保留格式，文件名为 tStudent.xlsx。

📚 1.5　总结与分析

📋 **常见题型**

1. 表的设计视图（表结构）

定义字段：字段名称、数据类型、说明。

其中，数据类型中的"查阅向导"可以帮助用户创建字段列表。例如，将"性别"

字段值的输入设置为"男""女"列表选择。

设置字段属性：字段大小、格式、小数位数、输入掩码、标题、默认值、有效性规则、有效性文本、必需、允许空字符串、索引。

其中，特别需要注意的是设置小数位数。在设置字段小数位数时，需要同时把"格式"设置为"固定"。例如，设置"成绩"字段以2位小数形式显示，不仅需要设置"小数位数"为"2"，还需要设置"格式"为"固定"。

另外，需要分清楚"格式""输入掩码""有效性规则"三个属性的不同作用。

（1）"格式"的作用是更改数据的显示效果。

（2）"输入掩码"是设定用户输入数据时的数据类型（字母、数字、字母或数字等）。

（3）"有效性规则"是控制用户输入数据时的数据范围（是否为空、大于20、2000年以后的日期等），"有效性文本"是指当用户输入的数据不符合有效性规则时的提示信息。

设置主键：主键，也称主关键字。选择主键时不能选择有重复字段值的字段，如果表中的每个字段都存在重复值，可选择复合字段做主键，即大于等于两个字段作为主键。复合主键的设置是按住Ctrl键的同时选中多个字段。

设置表属性：在表的设计视图中，可以设置表的属性，例如，表的有效性规则、表的说明内容等。

定义数据表之间的关系：定义数据表间的关系前必须设置每个表的主键。

2. 数据表视图

输入数据：输入数据时需要注意OLE类型数据的录入方式，在数据表试图通过右键选择"插入对象"完成。

设置表的外观：改变字段次序、冻结列、隐藏列、行高、字段宽度、设置数据格式、数据表格式。

其中，"冻结列"功能会将冻结的列锁定住，即使移动滚动条，冻结的列都不会移除屏幕。

记录的排序和筛选：由于筛选的结果不能保存，所以筛选通常会结合其他操作考核。例如，将表中满足***条件的记录删除，或者，设置表中满足***条件的数据设置成红色字体等，需要先根据条件筛选出数据然后再做后续操作。对数据进行多条件筛选时，可使用"高级筛选/排序"或"按窗体筛选"，并"应用筛选"。

查找和替换：当字段内容包含查找内容（不等于查找内容）时，需要更改"匹配"项为"字段任何部分"。

导入导出追加数据：导入、连接、追加和导出数据时需根据文件类型选择相应的图标，并将第一行作为列标题。

第 2 章

创建和设计查询

本章主要涉及的内容是查询的创建和操作，包括 85 个操作题。查询是数据库设计目的的体现，数据库建完之后，数据只有被使用者查询，才能真正体现它的价值。查询包括选择查询、参数查询、交叉表查询、操作查询（生成表查询、更新查询、追加查询和删除查询）和 SQL 查询。

主要知识点

1．创建选择查询

（1）创建单表查询。

（2）创建多表查询。

（3）创建带条件的单表查询。

（4）创建带条件的多表查询。

2．查询准则（条件）的写法

（1）条件中常量的写法：文本型常量的写法、数字型常量的写法、日期型常量的写法、是否型常量的写法。

（2）运算符的使用：算术运算符的使用、比较运算符的使用、逻辑运算符的使用和特殊运算符的使用。

（3）Null 的使用：Is Null、Is Not Null。

（4）函数的调用：数值函数的调用、字符函数的调用、日期函数的调用、统计函数的调用和域聚合函数的调用。

3．在查询中进行计算

（1）分组统计。

（2）添加计算字段。

4．联接类型对查询结果的影响

5．创建参数查询

6．创建交叉表查询

（1）行标题。

（2）列标题。

（3）值。

7．创建操作查询

（1）创建生成表查询。

（2）创建追加查询。

（3）创建更新查询。

（4）创建删除查询。

8．创建 SQL 查询

2.1 查询的基本操作

实验一

涉及的知识点

使用向导创建选择查询、使用设计视图创建选择查询、查询条件的使用、查询结果的导出。

操作要求

（1）打开素材文件夹 sc291401001 中的数据库文件 samp1.accdb，并按照以下要求完成操作：使用向导创建一个选择查询，查找并显示学生的"学号""姓名""性别"和"简历"的内容，所建查询名为 QX1。

（2）使用设计视图创建表 tStud 的一个查询，查找并显示女生的"学号""姓名"和"简历"信息，所建查询名为 QX2。

（3）查找并显示"年龄"为 25 岁以上（包括 25 岁）人的信息，保存查询，所建查询名为 QX3。

（4）创建表 tCourse 的一个查询，查找并显示先修课程为 S0201 的"课程号"和"课程名称"，保存查询，所建查询名为 QX4。

（5）执行查询 QX4，并将其结果导出为"S0102 课程成绩.xlsx"文件。

提示

（1）QX2 通过设置"性别"字段的条件为"女"，实现查找并显示女生的"学号""姓名"和"简历"信息，且"性别"字段不显示。

（2）QX3 通过设置"年龄"字段的条件为"＞=25"，实现查找并显示年龄为 25 岁以上（包括 25 岁）人的信息。

（3）QX4 通过设置"先修课程"字段的条件为"S0201"，实现查找并显示先修课程为 S0201 的"课程号"和"课程名称"，"先修课程"字段不显示。

实验二

涉及的知识点

使用设计视图创建选择查询、查询条件的使用、总计查询、查询中字段重命名。

操作要求

（1）打开素材文件夹 sc291401002 中的数据库文件 samp1.accdb，已创建 tScore、

tStud、tCourse 和 tTemp 表，并按照以下要求完成操作：创建一个查询，查找所有简历为空的学生"学号""姓名"，所建查询名为 QX1。

（2）创建一个查询，查找姓"张"的同学的"学号""姓名""年龄"和"简历"信息，所建查询名为 QX2。

（3）创建一个选择查询，按学号统计学生的各门课平均成绩，显示标题为"学号"和"平均成绩"，所建查询名为 QX3。

（4）创建一个查询，查找学号为"000002"的学生的课程和成绩内容，包括"学号""课程号""成绩""课程名""学分"和"先修课程"字段，所建查询名为 QX4。

（5）创建一个查询，按性别统计男女生的平均年龄，显示标题为"性别"和"平均年龄"，所建查询名为 QX5。

提示

（1）QX2 通过设置"姓名"字段的条件为"like"张"&"*""，实现查找并显示查找姓"张"的同学的学号、姓名、年龄和简历信息。

用通配符查找文本型字段值是否与其匹配，通配符包括："？"匹配任意单个字符；"*"匹配任意多个字符；"#"匹配任意单个数字；"！"不匹配指定的字符；［字符列表］匹配任何在列表中的单个字符。

（2）QX3、QX5 为总计查询，通过在查询设计视图中添加"汇总"行来实现。Access 中总计项中具备的选项如表 2-1 所示。

表 2-1　总计选项

选　　项	含　　义
Group By	默认值，用于定义要执行计算的组。这个字段中的记录将按值进行分组
Sum	计算每一分组中字段值的总和。适用于数字、日期/时间、货币和自动编号型字段
Avg	计算每一分组中字段的平均值。适用于数字、日期/时间、货币和自动编号型字段
Min	计算每一分组中字段的最小值。适用于文本、数字、日期/时间、货币和自动编号型字段。对于文本型字段，将按照字符的 ASCII 码顺序进行比较
Max	计算每一分组中字段的最大值。适用范围与 Min 相同
Count	计算每一分组中字段值的计数，该字段中的值为 Null（空值）时，将不计算在内
Where	与"条件"行内容配合可以在分组前先筛选记录，并且查询结果中的这个字段将不能被显示出来
StDev	计算每一分组中的字段值的标准偏差值。只适用于数字、日期/时间、货币和自动编号型字段
Var	计算每一分组中的字段值的方差值。只适用于数字、日期/时间、货币和自动编号型字段
First	返回每一分组中该字段的第一个值
Last	返回每一分组中该字段的最后一个值
Expression	在字段中自定义计算公式，可以套用多个总计函数

实验三

 涉及的知识点

使用设计视图创建选择查询、查询条件的使用、总计查询、查询中字段重命名。

操作要求

（1）打开素材文件夹 sc291401003 中的数据库文件 samp1.accdb，已创建 tScore、tStud、tCourse 和 tTemp 表，并按照以下要求完成操作：创建一个查询，显示学生"学号""姓名"和"简历"内容。所建查询名为 QX1。

（2）创建一个查询，查找年龄小于 18 岁的学生的"学号""姓名"和"所属院系"，所建查询名为 QX2。

（3）创建一个查询，统计 03 院系的所有学生的平均年龄，所建查询名为 QX3。

（4）创建一个查询，按院系统计各院系中最小年龄的学生，显示标题为"院系"和"最小年龄"，所建查询名为 QX4。

（5）创建一个查询，显示成绩大于 80 分的同学"姓名"和"成绩"，所建查询名为 QX5。

提示

（1）QX3 为总计查询，按照"所属院系"字段分组，对"年龄"字段求平均值，并设置"所属院系"字段的条件为"03"。

（2）QX4 为总计查询，按照"所属院系"字段分组，对"年龄"字段求最小值，并对字段进行重命名。建立一个新计算字段的格式为"新字段名:[表或查询名称]![字段名称]"。

实验四

涉及的知识点

使用设计视图创建选择查询、查询条件的使用、总计查询、查询中字段重命名。

操作要求

（1）打开素材文件夹 sc291401004 中的数据库文件 samp1.accdb，已创建 tScore、tStud、tCourse 和 tTemp 表，并按照以下要求完成操作：创建一个查询，显示"课程号""课程名"和"先修课程"内容，所建查询名为 QX1。

（2）创建一个查询，查找课程号为 S0101 的选课学生"学号"和"成绩"，所建查询名为 QX2。

（3）创建一个查询，按课程号统计各课程的平均成绩，显示标题为"课程号"和"平均成绩"，所建查询名为 QX3。

（4）创建一个查询，查找所有姓张的女生"学号""姓名"和"简历"信息，所建查询名为 QX4。

（5）创建一个查询，计算每名学生的平均成绩，并按平均成绩升序排序，标题显示为"学号"和"平均成绩"，所建查询名为 QX5。

提示

QX3 为总计查询，按照"课程号"字段分组，对"成绩"字段求平均值，并对"成绩"字段计算出来的平均值进行重命名为"平均成绩"。

实验五

涉及的知识点

使用设计视图创建选择查询、查询条件的使用、总计查询、查询中字段重命名。

操作要求

（1）打开素材文件夹 sc291401005 中的数据库文件 samp1.accdb，已创建 tScore、tStud、tCourse 和 tTemp 表，并按照以下要求完成操作：创建一个查询，显示"课程名"与"学分"字段的内容，所建查询名为 QX1。

（2）创建一个查询，查找并显示有"绘画"爱好的学生的"学号""姓名""年龄""入校时间"和"简历"5 个字段的内容，所建查询名为 QX2。

（3）创建一个查询，查找所有先修课程为"s0201"并且学分大于 3 的"课程名"和"学分"，所建查询名为 QX3。

（4）创建一个查询，统计人数在 6 人以上的院系人数，显示标题为"院系号"和"人数"，所建查询名为 QX4。

（5）创建一个查询，按课程号统计，选修该门课程的学生人数及该门课平均成绩，显示标题为"课程号""学生数"和"平均成绩"，所建查询名为 QX5。

提示

（1）QX4 为总计查询，按照"所属院系"字段分组，对"学号"字段计数，并对"所属院系"和"学号"字段重命名。

（2）QX5 为总计查询，按照"课程号"字段分组，对"学号"字段计数，并对"成绩"字段求平均值，并对"学号"和"成绩"字段重命名。

实验六

涉及的知识点

使用设计视图创建选择查询、查询条件的使用、总计查询、查询结果的导出。

操作要求

（1）打开素材文件夹 sc291401006 中的数据库文件 samp1.accdb，已创建 tScore、tStud、tCours 和 tTemp 表，并按照以下要求完成操作：创建一个选择查询，查找并显示学生"学号""姓名"和"入校时间"3 个字段的内容，所建查询名为 QX1。

（2）创建一个查询，查找入校时间在 1999 年之前的，或者年龄大于 20 岁的学生的"学号""姓名"及"简历"3 个字段的内容，所建查询名为 QX2。

（3）创建一个查询，查找姓"张"的，并且年龄小于 18 岁的学生的"学号"和"姓名"内容，所建查询名为 QX3。

（4）创建一个查询，按姓氏统计，统计姓"张"的学生人数，所建查询名为 QX4。

（5）执行查询 QX4，将运行结果导出为 QX4.xlsx 文件。

提示

（1）QX4 为总计查询，按照计算字段"姓氏"分组，对"学号"字段计数。

（2）使用"外部数据"→"导出"命令，导出查询 QX4 执行结果。

实验七

涉及的知识点

使用设计视图创建选择查询、查询条件的使用、总计查询、查询中字段重命名。

操作要求

（1）打开素材文件夹 sc291401007 中的数据库文件 samp1.accdb，已创建 tScore、tStud、tCourse 和 tTemp 表，并按照以下要求完成操作：创建一个查询，查找无先修课程的"课程号"和"课程名"两个字段的内容，所建查询名为 QX1。

（2）创建一个查询，查找课程名中包含"计算机"或"程序设计"的"课程号""课程名"和"学分"，所建查询名为 QX2。

（3）创建一个查询，统计先修课程为"S0201"的课程总数，标题显示为"课程总数"，所建查询名为 QX3。

（4）创建一个查询，统计学分为 3 分的课程总数，所建查询名为 QX4。

（5）创建一个查询，按学号统计，每个学生的所选课程的平均分，显示标题为"学号"和"课程平均分"，所建查询名为 QX5。

提示

（1）QX2 通过设置"课程名"字段的条件为"Like "*计算机*" Or Like "*程序设计*""，实现查找并显示课程名中包含"计算机"或"程序设计"的"课程号""课程名"和"学分"。

（2）QX3、QX4、QX5 均为总计查询，分别按照"先修课程""学分"和"学号"字段分组。

实验八

涉及的知识点

使用设计视图创建选择查询、查询条件的使用、总计查询、查询中字段重命名。

操作要求

（1）打开素材文件夹 sc291401008 中的数据库文件 samp1.accdb，已创建 tScore、tStud、tCourse 和 tTemp 表，并按照以下要求完成操作：创建一个查询，显示成绩大于 90 分的"学号""课程号"及"成绩" 3 个字段的内容，所建查询名为 QX1。

（2）创建一个查询，统计成绩小于 60 的学生人数，所建查询名为 QX2。

（3）创建一个查询，显示学号为"000002"、成绩大于等于 85 分的"学号""课程号"及"成绩" 3 个字段的内容，所建查询名为 QX3。

（4）创建一个查询，统计学号为"000002"的所选的课程总数及平均分，显示标题为"学号""课程总数"和"课程平均分"，所建查询名为 QX4。

（5）创建一个查询，显示学分大于等于 2 分的"课程名"，所建查询名为 QX5。

提示

QX2 是个总计查询，"学号"字段计数，"成绩"字段为 where 条件。

实验九

涉及的知识点

使用设计视图创建选择查询、查询条件的使用、总计查询、查询中字段重命名。

操作要求

（1）打开素材文件夹 sc291401009 中的数据库文件 samp1.accdb，已创建 tScore、tStud、tCourse 和 tTemp 表，并按照以下要求完成操作：创建一个查询，显示所属院系为"01"和"02"的学生的"学号""姓名""简历"3 个字段的内容，所建查询名为 QX1。

（2）创建一个查询，查找并显示年龄在 18～20 岁（包含 18 和 20 岁）之间的学生的"学号""姓名"和"年龄"3 个字段的内容，所建查询名为 QX2。

（3）创建一个查询，查找入校时间为 2000 年之后的学生"学号""姓名"和"所属院系"，所建查询名为 QX3。

（4）创建一个查询，查找统计姓"李"的女学生人数，所建查询名为 QX4。

（5）创建一个查询，按学号统计每个学生的所选课程的最高分，显示标题为"学号"和"课程最高分"，所建查询名为 QX5。

提示

QX4 是个带条件的总计查询，"学号"字段计数，"姓名"和"性别"字段为 where 条件。

实验十

涉及的知识点

使用设计视图创建选择查询、查询条件的使用、总计查询、查询中字段重命名。

操作要求

（1）打开素材文件夹 sc291401010 中的数据库文件 samp2.accdb，已创建 tBook 表，并按照以下要求完成操作：创建一个选择查询，显示"书名""单价"和"出版社名称"3 个字段的内容，所建查询名为 QX1。

（2）创建一个查询，查找并显示单价在 20～30 元（包含 20 和 30 元）之间的书籍的"书名""作者"和"出版社名称"3 个字段的内容，所建查询名为 QX2。

（3）创建一个查询，查找每个出版社的最低书价，显示标题为"出版社"和"最低价"，所建查询名为 QX3。

（4）创建一个查询，查找出电子工业出版社的书籍，所建查询名为 QX4。

（5）创建一个查询，查找并统计各类别书籍的总数，显示标题为"类别"和"出版总数"，所建查询名为 QX5。

提示

（1）QX3 是总计查询，按照"出版社名称"字段分组，对"单价"字段求最小值。

（2）QX5 是总计查询，按照"类别"字段分组，对"图书编号"字段计数并重命名。

实验十一

涉及的知识点

使用设计视图创建选择查询、查询条件的使用、总计查询、查询中字段重命名。

操作要求

（1）打开素材文件夹 sc291401011 中的数据库文件 samp2.accdb，已创建 tBook 表，并按照以下要求完成操作：创建一个选择查询，显示书名包含"计算机"的"书名""单价"和"出版社名称"3 个字段的内容，所建查询名为 QX1。

（2）创建一个查询，查找并显示类别为"JSJ"的"书名"和"出版社名称"，所建查询名为 QX2。

（3）创建一个查询，查找每个出版社的平均书价，显示标题为"出版社"和"平均书价"，所建查询名为 QX3。

（4）创建一个查询，查找每个出版社的出版书的总数，显示标题为"出版社"和"出版总数"，所建查询名为 QX4。

（5）创建一个查询，查找作者姓"张"的"书名""单价"和"出版社名称"，所建查询名为 QX5。

提示

（1）QX3 是总计查询，按照"出版社名称"字段分组，对"单价"字段求平均值，然后对各个字段进行重命名。

（2）QX4 是总计查询，按照"出版社名称"字段分组，对"图书编号"字段计数。

实验十二

涉及的知识点

使用设计视图创建选择查询、查询条件的使用、总计查询、查询中字段重命名。

操作要求

（1）打开素材文件夹 sc291401012 中的数据库文件 samp2.accdb，已创建 tBook 表，并按照以下要求完成操作：创建一个选择查询，显示"书名""单价"和"出版社名称"3 个字段的内容，所建查询名为 QX1。

（2）创建一个查询，查找并显示类别为"JSJ"，出版社为"电子工业出版社"的"书名""作者"和"单价"，所建查询名为 QX2。

（3）创建一个查询，按类别统计各类别书籍的平均书价，显示标题为"类别"和"平均书价"，所建查询名为 QX3。

（4）创建一个查询，按类别统计各类别书籍的总数，显示标题为"类别"和"总数"，并按总数列进行降序排序，所建查询名为 QX4。

（5）创建一个查询，查找出书籍价格大于 15 元的"书名"和"出版社名称"，所建查询名为 QX5。

提示

（1）QX3 是总计查询，按照"类别"字段分组，对"单价"字段求平均值，然后对"单价"字段进行重命名。

（2）QX4 是总计查询，按照"类别"字段分组，对"图书编号"字段计数，然后对"图书编号"字段进行重命名与排序。

实验十三

涉及的知识点

使用设计视图创建选择查询、查询条件的使用、总计查询、查询中字段重命名。

操作要求

（1）打开素材文件夹 sc291401013 中的数据库文件 samp2.accdb，已创建 tBook 表，并按照以下要求完成操作：创建一个选择查询，显示所有字段的内容，所建查询名为 QX1。

（2）创建一个查询，查找并显示单价小于 25 的"书名""作者"和"单价"，所建查询名为 QX2。

（3）创建一个选择查询，显示类别不在（"JSJ","KJ"）中的"书名""单价"和"出版社名称"3 个字段的内容，所建查询名为 QX3。

（4）创建一个查询，查找书名中包含"原理"两字的，并且单价小于 10 元的"书名""作者"和"单价"，所建查询名为 QX4。

（5）执行查询 QX4，将执行结果导出到 QX4.xlsx 文件中。

提示

QX3 类别不在（"JSJ","KJ"）中的条件写法为"Not In ("JSJ","KJ")"。

条件表达式中常用运算符如表 2-2～表 2-5 所示。

表 2-2　比较运算符

比较运算符	含　　义
>	大于
>=	大于等于
<	小于
<=	小于等于
=	等于
<>	不等于

表 2-3　逻辑运算符

逻辑运算符	含　　义
Not	逻辑非
And	逻辑与
Or	逻辑或

表 2-4　文本运算符

文本运算符	含　　义	示　　例	结　　果
&	连接文本	"教学班"&"12"	教学班 12
+	连接文本	"106"+"12"	10612

表 2-5　其他运算符

其他运算符	含　义
Betwee...And	指定值的范围在...到...之间
In	指定值属于列表中所列出的值
Is	与 Null 一起使用确定字段值是否为空值
Like	用通配符查找文本型字段值是否与其匹配。 "?" 匹配任意单个字符。 "*" 匹配任意多个字符。 "#" 匹配任意单个数字。 "!" 不匹配指定的字符。 [字符列表]匹配任何在列表中的单个字符

实验十四

 涉及的知识点

使用设计视图创建选择查询、查询条件的使用、总计查询、查询中字段重命名。

操作要求

（1）打开素材文件夹 sc291401014 中的数据库文件 samp1.accdb，已创建 tScore、tStud、tCourse 和 tTemp 表，并按照以下要求完成操作：创建一个查询，查找并显示学生的"姓名""课程名"和"成绩"3 个字段的内容，所建查询名为 QX1。

（2）创建一个查询，查找并显示院系在（"01","02","03"）中的学生的"学号""姓名"和"年龄"3 个字段的内容，所建查询名为 QX2。

（3）创建一个查询，查找入校时间为 2000 年之后的学生"学号""姓名"和"所属院系"，所建查询名为 QX3。

（4）创建查询查找学分大于等于 2 分的"课程名"，所建查询名为 QX4。

（5）创建一个查询，查找统计学生的平均成绩信息，并显示标题设置为"学号""姓名"和"平均成绩"，所建查询名为 QX5。

 提示

QX2 查找并显示院系在（"01","02","03"）中的学生的"学号""姓名"和"年龄"3 个字段的内容，在"所属院系"字段的条件中输入 In ("01","02","03")。

实验十五

 涉及的知识点

使用设计视图创建选择查询、查询条件的使用、总计查询、查询中字段重命名。

操作要求

（1）打开素材文件夹 sc291401015 中的数据库文件 samp1.accdb，已创建 tScore、tStud、tCourse 和 tTemp 表，并按照以下要求完成操作：创建一个查询，查找并显示姓名是 3 个字的男生的"姓名"和"简历"两个字段的内容，所建查询名为 QX1。

（2）创建一个查询，查找并显示院系不在（"02","03"）中的学生的"学号""姓名"和"院系号"3 个字段的内容，所建查询名为 QX2。

（3）创建一个查询，统计入校时间为 2000 年之后的女学生人数，显示"性别"和"人数"字段，所建查询名为 QX3。

（4）创建一个查询，查找"先修课程"中含有"101"或"102"信息的课程，并显示其"课程号""课程名"和"学分"3 个字段的内容，所建查询名为 QX4。

（5）创建一个查询，查找"年龄"在 25 岁以上的学生信息，并显示其"院系"和"姓名"，所建查询名为 QX5。

提示

（1）QX1 要求查找并显示姓名是 3 个字的男生的"姓名"、"简历"两个字段的内容，条件"姓名 3 个字"用到 like 运算符和通配符"?"，"?"匹配任意单个字符，所以条件为 Like "???"，也可使用 len()函数设置条件：len([姓名])=3。

（2）QX2 查找并显示院系不在（"02","03"）中的学生的"学号""姓名"和"院系号"，条件设在"所属院系"字段下的"条件"中，具体写法为 Not In ("02","03")。

（3）QX3 是一个带条件的总计查询，需要设置"性别"字段的"条件"为"女"，"入校时间"的年大于 2000，并将"性别"的"总计"设为"group by"，"学号"的"总计"设为"计数"，"入校时间"的"总计"设为 where。

（4）QX4 查找"先修课程"中含有"101"或"102"信息的课程，条件设在"先修课程"字段下，具体为 Like "*101*" Or Like "*102*"。

实验十六

涉及的知识点

使用设计视图创建选择查询、查询条件的使用、总计查询、查询中字段重命名。

操作要求

（1）打开素材文件夹 sc291401016 中的数据库文件 samp1.accdb，已创建 tScore、tStud、tCourse 和 tTemp 表，并按照以下要求完成操作：创建一个查询，查找"03"学院的选课学生信息，输出其"姓名""课程名"和"成绩"3 个字段的内容，所建查询名为 QX1。

（2）创建一个查询，查找没有任何选课信息的学生信息，输出"学号"和"姓名"两个字段的内容，所建查询名为 QX2。

（3）创建一个查询，查找统计学生的平均成绩信息，并显示标题设置为"学号""姓名"和"平均成绩"，所建查询名为 QX3。

（4）创建一个查询，按院系统计男女生选课的平均成绩，显示标题设置为"院系号""性别"和"平均成绩"，所建查询名为 QX4。

（5）创建一个查询，查找姓名为两个字的学生信息，输出"学号""姓名"和"简历"3 个字段的内容，所建查询名为 QX5。

提示

QX2 有两种方法：

（1）使用"查找不匹配项查询向导"创建基于 tStud 、tScore 两个表的查询。

（2）先修改 tStud 表和 tScore 表的联接属性为"包括"tStud"中的所有记录和"tScore"中联接字段相等的那些记录。"，然后使用设计视图创建查询，设计视图中在 tScore 表的"学号"字段的条件行中输入条件 Is Null，并取消其"显示"。

实验十七

涉及的知识点

使用设计视图创建选择查询、查询条件的使用、总计查询、查询中字段重命名。

操作要求

（1）打开素材文件夹 sc291401017 中的数据库文件 samp3.accdb，已创建 tStaff 表，并按照以下要求完成操作：创建查询，查找职员"姓名""学历"和"年龄"3 个字段的内容，所建查询名为 QX1。

（2）创建查询，查找政治面目为"党员"的职员"姓名""职称"和"年龄"3 个字段的内容，所建查询名为 QX2。

（3）创建查询，查找工作时间超过 30 年的职员"姓名"和"年龄"的内容，所建查询名为 QX3。

（4）创建查询，查找政治面目为"党员"，并且工作时间超过 30 年的职员"姓名"和"年龄"的内容，所建查询名为 QX4。

（5）创建查询，统计职员中，男女的人数。显示标题为"性别"和"人数"，所建查询名为 QX5。

实验十八

涉及的知识点

使用设计视图创建选择查询、查询条件的使用、总计查询、查询中字段重命名。

操作要求

（1）打开素材文件夹 sc291401018 中的数据库文件"samp3.accdb"，已创建 tStaff 表，并按照以下要求完成操作：创建查询，查找在职的职员的"姓名""政治面目"和"联系电话"3 个字段的内容，所建查询名为 QX1。

（2）创建查询，统计在职的职工人数，所建查询名为 QX2。

（3）创建查询，按学历统计各学历的职工的平均年龄，显示标题设置为"学历"和"平均年龄"，所建查询名为 QX3。

（4）创建查询，查找"职称"为副教授，并且"年龄"大于 34 岁的职员"姓名"，所建查询名为 QX4。

（5）创建查询，按系别统计各系职工中的最大年龄和最小年龄，显示标题设置为"系别""最大年龄"和"最小年龄"，所建查询名为 QX5。

提示

QX2 为总计查询，"在职否"字段的"总计"行设为 where，"编号"字段的"总计"行设为计数。

实验十九

涉及的知识点

使用设计视图创建选择查询、查询条件的使用、总计查询、查询中字段重命名。

操作要求

（1）打开素材文件夹 sc291401019 中的数据库文件 samp3.accdb，已创建 tStaff 表，并按照以下要求完成操作：创建查询，查找不在职的职员的"姓名""政治面貌"和"联系电话"3 个字段的内容，所建查询名为 QX1。

（2）创建查询，查找姓"周"的职员的"姓名""政治面貌"和"联系电话"三个字段的内容，所建查询名为 QX2。

（3）创建查询，统计不在职的男女职工人数，所建查询名为 QX3。

（4）创建查询，统计"副教授"中具有本科和研究生学历的人数，显示标题设置为"职称""学历"和"人数"，所建查询名为 QX4。

（5）创建查询，统计各系的在职员工数，显示标题设置为"系别"和"在职人数"，所建查询名为 QX5。

提示

（1）QX3 为总计查询，"性别"字段的"总计"行设为 group by，"在职否"字段的"总计"行设为 where 并设置"条件"为 No，"编号"字段的"总计"行设为计数。

（2）QX4 为总计查询，"学历"字段的"总计"行设为 group by，"职称"字段的"总计"行设为 where 并设置"条件"为"副教授"，"编号"字段的"总计"行设为计数。

（3）QX5 为总计查询，"系别"字段的"总计"行设为 group by，"在职否"字段的"总计"行设为 where 并设置"条件"为 Yes，"编号"字段的"总计"行设为计数。

实验二十

涉及的知识点

使用设计视图创建选择查询、查询条件的使用、总计查询、查询中字段重命名。

操作要求

（1）打开素材文件夹 sc291401020 中的数据库文件 samp3.accdb，已创建 tStaff 表，并按照以下要求完成操作：创建查询，查找年龄在 25～35 岁（包含 25 和 35 岁）之间在职的职员的"姓名""职称"和"学历"3 个字段的内容，所建查询名为 QX1。

（2）创建查询，查找"01"系的职员"姓名""职称"和"学历"3 个字段的内容，所建查询名为 QX2。

（3）创建查询，统计在职的副教授的平均年龄，所建查询名为 QX3。

（4）创建查询，统计"01"系中职员的平均年龄，显示标题为"系别"和"平均年龄"，所建查询名为 QX4。

（5）创建查询，查找"职称"为教授，并且"年龄"小于 40 岁的职员"姓名"，所建查询名为 QX5。

提示

（1）QX3 为总计查询，"在职否"字段的"总计"行设为 where 并且"条件"行设为 yes，"职称"字段的"总计"行设为 where 并设置"条件"为"副教授"，"年龄"字段的"总计"行设为平均值。

（2）QX4 为总计查询，"系别"字段的"总计"行设为 group by 并且"条件"行设为"01"，"年龄"字段的"总计"行设为平均值。

实验二十一

涉及的知识点

使用设计视图创建选择查询、查询条件的使用、总计查询、查询中字段重命名。

操作要求

（1）打开素材文件夹 sc291401021 中的数据库文件 Hospital.accdb，里面已经设计好表对象 tDoctor、tOffice、tPatient 和 tSubscribe。并按照以下要求完成操作：创建查询，查找年龄在 25～35 岁（包含 25 和 35 岁）之间的"医生姓名""职称"和"专长"3 个字段的内容，所建查询名为 QX1。

（2）创建查询，查找 2004 年 10 月来看过病的病人"姓名""性别"和"地址"内容，所建查询名为 QX2。

（3）创建查询，统计没有被预约过的医生的"姓名""年龄"和"职称"3 个字段的内容，所建查询名为 QX3。

（4）创建查询，统计预约过 3 次以上（包含 3 次）的病人，输出"病人 ID""姓名"和"联系电话"，所建查询名为 QX4。

（5）创建查询，查找 40 岁以下的病人，输出"病人 ID""姓名"和"电话"，所建查询名为 QX5。

提示

（1）QX3 使用"查找不匹配项查询向导"创建基于 tDoctor 和 tSubscribe 表的查询。或者修改 tDoctor 表和 tSubscribe 表的联接属性后，通过设计视图创建查询。

（2）QX4 为总计查询，"病人 ID""姓名"和"电话"字段的"总计"行设为 group by，"预约日期"字段的"总计"行设为计数并且"条件"行设为>=3。

实验二十二

涉及的知识点

使用设计视图创建选择查询、查询条件的使用、总计查询、查询中字段重命名。

操作要求

（1）打开素材文件夹 sc291401022 中的数据库文件 Hospital.accdb，里面已经设计好表对象 tDoctor、tOffice、tPatient 和 tSubscribe。并按照以下要求完成操作：创建查询，查找显示"医生姓名""年龄""职称"和"专长"4 个字段的内容，所建查询名为 QX1。

（2）创建查询，查找女医生的"职称""医生姓名"和"年龄"内容，所建查询名为 QX2。

（3）在 tPatient 表上创建查询，查找年龄在 35 岁以上（包含 35 岁）的女病人的"姓名"和"年龄"内容，所建查询名为 QX3。

（4）创建查询，统计没有预约过的病人的"姓名"和"年龄"两个字段的内容，所建查询名为 QX4。

（5）创建查询，按科室统计，预约的病人总数，显示标题设置为"科室名称"和"预约总数"，所建查询名为 QX5。

提示

QX4 使用"查找不匹配项查询向导"创建基于 tPatient 和 tSubscribe 表的查询。或者修改 tPatient 表和 tSubscribe 表的联接属性后，通过设计视图创建查询。

实验二十三

涉及的知识点

使用设计视图创建选择查询、查询条件的使用、总计查询、查询中字段重命名。

操作要求

（1）打开素材文件夹 sc291401023 中的数据库文件 Hospital.accdb，里面已经设计好表对象 tDoctor、tOffice、tPatient 和 tSubscribe。并按照以下要求完成操作：创建查询，查找显示病人的"姓名""预约日期""预约医生姓名"和"科室名称"4 个字段的内容，所建查询名为 QX1。

（2）创建查询，查找显示病人的"姓名"和"预约日期"2 个字段的内容，并按预约日期降序排序，所建查询名为 QX2。

（3）创建查询，统计职称为"副主任医师"的人数，所建查询名为 QX3。

（4）创建查询，统计地址为"朝阳区"的病人人数，所建查询名为 QX4。

（5）创建查询，按医生 ID 统计，统计预约该医生的病人数，及病人平均年龄，显示标题设置为"医生 ID"、"预约病人数"和"病人平均年龄"，所建查询名为 QX5。

实验二十四

涉及的知识点

使用设计视图创建选择查询、查询条件的使用、总计查询、查询中字段重命名。

操作要求

（1）打开素材文件夹 sc291401024 中的数据库文件 stock.accdb，里面已经设计好表对象 tStock 和 tNorm。并按照以下要求完成操作：在 tNorm 表基础上创建查询，查找显示"产品代码""规格"和"出厂价"3 个字段的内容，所建查询名为 QX1。

（2）创建查询，计算产品最高储备与最低储备的差并输出，标题显示为"储备差"，所建查询名为 QX2。

（3）创建查询，查找最高储备大于 40 000 的"产品代码"和"产品出厂价"，所建查询名为 QX3。

（4）创建查询，查找出厂价大于 2 元的产品的"产品代码"和"规格"，所建查询名为 QX4。

（5）创建查询，按产品名称统计产品的平均单价，标题显示设置为"产品名称"和"平均价格"，所建查询名为 QX5。

提示

QX2 "储备差"是个计算字段，在"字段"行输入"储备差: [最高储备]–[最低储备]"。

实验二十五

涉及的知识点

使用设计视图创建选择查询、查询条件的使用、总计查询、查询中字段的重命名。

操作要求

（1）打开素材文件夹 sc291401025 中的数据库文件 stock.accdb，里面已经设计好表对象 tStock 和 tNorm。并按照以下要求完成操作：创建查询，查找显示"产品代码""规格""出厂价"和"单价"4 个字段的内容，所建查询名为 QX1。

（2）创建查询，计算产品"单价"与"出厂价"的差并输出，标题显示为"单位利润"，所建查询名为 QX2。

（3）创建查询，查找库存数量大于 50 000 的"产品代码""产品名称"和"规格"，所建查询名为 QX3。

（4）创建查询，查找"产品名称""规格"和"单价"3 个字段的内容，然后将其中的"产品名称"和"规格"两个字段合并，查询的 3 个字段的内容以两列的形式显示，标题分别为"品名规格"和"单价"，所建查询名为 QX4。

（5）创建查询，按产品名称统计产品的规格品种数，标题显示设置为"产品名称"和"规格品种数"，所建查询名为 QX5。

提示

QX2 "单位利润"是个计算字段，在"字段"行输入"单位利润: [单价]–[出厂价]"。

实验二十六

涉及的知识点

使用设计视图创建选择查询、查询条件的使用、总计查询、查询中字段的重命名。

操作要求

（1）打开素材文件夹 sc291401026 中的数据库文件 stock.accdb，里面已经设计好表对象 tStock 和 tNorm。并按照以下要求完成操作：创建查询，查找显示"产品代码""规格"和"库存数量"3 个字段的内容，所建查询名为 QX1。

（2）创建查询，查找产品名称为"灯泡"的，并且单价小于 2 元的产品信息，显示"产品代码""规格"和"库存数量"3 个字段的内容，所建查询名为 QX2。

（3）创建查询，查找库存量最大的产品信息，显示"产品名称""规格"和"单价"3 个字段的内容，所建查询名为 QX3。

（4）创建查询，计算每类产品库存数量的总数，并显示"产品名称"和"库存数量"两列数据，所建查询名为 QX4。

（5）创建查询，查找出厂价大于 2 元的产品的"产品代码"和"规格"，所建查询名为 QX5。

提示

QX3 的条件"库存量最大"由 SQL 语句实现，具体在"库存数量"字段的"条件"行输入"$>=$(select max(库存数量) from [tStock])"。

2.2 参数查询

实验一

涉及的知识点

使用设计视图创建选择查询、查询条件的使用、创建参数查询。

操作要求

（1）打开素材文件夹 sc291402001 中的数据库文件 samp1.accdb，里面已经设计好表对象 tGrade、tStud、tCourse 和 tTeacher。并按照以下要求完成操作：创建查询，查找都上"计算机基础"课程的老师的信息，显示"教师姓名""职称"和"学院"3 个字段的内容，所建查询名为 QX1。

（2）创建查询，查找显示姓"张"的学生信息，显示"学生姓名""课程 ID"和"成绩"3 个字段的内容，所建查询名为 QX2。

（3）创建查询，根据教师姓名查找某教师的授课情况，显示"教师姓名""课程名称"和"上课日期"3 个字段的内容，所建查询名为 QX3，当运行该查询时，应显示参数提示信息"请输入教师姓名"。

（4）创建查询，根据"学生 ID"查找显示学生的"学生姓名"和"成绩"两个字段的内容，所建查询名为 QX4，当运行该查询时，应显示参数提示信息"请输入学生 ID"。

（5）创建查询，根据"专业"查找显示教师的"教师姓名""学院"和"职称"3 个字段的内容，所建查询名为 QX5，当运行该查询时，应显示参数提示信息"请输入专业"。

提示

（1）QX3 为参数查询，在"教师姓名"字段的"条件"行输入"[请输入教师姓名:]"。
（2）QX4 为参数查询，在"学生 ID"字段的"条件"行输入"[请输入学生 ID:]"。
（3）QX5 为参数查询，在"专业"字段的"条件"行输入"[请输入专业:]"。

实验二

涉及的知识点

使用设计视图创建选择查询、查询条件的使用、创建参数查询。

操作要求

（1）打开素材文件夹 sc291402002 中的数据库文件"samp1.accdb"，里面已经设计好表对象 tGrade、tStud、tCourse 和 tTeacher。并按照以下要求完成操作：创建查询，查找显示学生及其选课信息，显示"学生姓名""课程 ID"和"成绩"3 个字段的内容，所建查询名为 QX1。

（2）创建查询，查找上"数据结构"课程的老师的信息，显示"教师姓名""职称"和"学院"3 个字段的内容，所建查询名为 QX2。

（3）创建查询，查找显示 1960 年之前出生的教师信息，显示"教师姓名""学院"和"专业"3 个字段的内容，所建查询名为 QX3。

（4）创建查询，根据教师 ID 查找某教师的授课情况，显示"教师姓名""课程名称"和"上课日期"3 个字段的内容，所建查询名为 QX4，当运行该查询时，应显示参数提示信息"请输入教师 ID"。

（5）创建查询，根据"课程名称"查找显示授课教师的"教师姓名""学院"和"职称"3 个字段的内容，所建查询名为 QX5，当运行该查询时，应显示参数提示信息"请输入课程名称"。

提示

（1）QX4 为参数查询，在"教师 ID"字段的"条件"行输入"[请输入教师 ID:]"。
（2）QX5 为参数查询，在"课程名称"字段的"条件"行输入"[请输入课程名称:]"。

实验三

涉及的知识点

使用设计视图创建选择查询、查询条件的使用、创建参数查询。

操作要求

（1）打开素材文件夹 sc291402003 中的数据库文件 samp1.accdb，里面已经设计好表对象 tGrade、tStud、tCourse 和 tTeacher。并按照以下要求完成操作：创建查询，查找上"程序设计"课程的老师的信息，显示"教师姓名""职称"和"学院"3 个字段的内容，所建查询名为 QX1。

（2）创建查询，查找未上课的教师信息，显示"教师姓名""学院"和"专业"3 个字段的内容，所建查询名为 QX2。

（3）创建查询，查找年龄在 55 年以上（包含 55 年）的教师信息，显示"教师姓名""学院"和"专业"3 个字段的内容，所建查询名为 QX3。

（4）创建查询，根据学生 ID 查找某学生的情况，显示"学生 ID"和"学生姓名"两个字段的内容，所建查询名为 QX4，当运行该查询时，应显示参数提示信息"请输入学生 ID"。

（5）创建查询，根据"性别"查找显示授课教师的"教师姓名""学院"和"职称"3 个字段的内容，所建查询名为 QX5，当运行该查询时，应显示参数提示信息"请输入性别"。

提示

（1）QX4 为参数查询，在"学生 ID"字段的"条件"行输入"[请输入学生 ID:]"。

（2）QX5 为参数查询，在"性别"字段的"条件"行输入"[请输入性别:]"。

实验四

涉及的知识点

使用设计视图创建选择查询、查询条件的使用、创建参数查询。

操作要求

（1）打开素材文件夹 sc291402004 中的数据库文件 samp1.accdb，里面已经设计好表对象 tGrade、tStud、tCourse 和 tTeacher。并按照以下要求完成操作：创建查询，查找上了两门课以上的教师信息，显示"教师 ID"和"职称"两个字段的内容，所建查询名为 QX1。

（2）创建查询，计算每个教师的年龄，并显示"教师 ID"和"年龄"，所建查询名为 QX2。

（3）创建查询，根据"课程名称"查找显示学生的选课信息及成绩，显示"学生姓名""课程 ID"和"成绩"3 个字段的内容，所建查询名为 QX3，当运行该查询时，应显示参数提示信息"请输入课程名称"。

（4）创建查询，根据"上课日期"查找授课信息，显示"教师 ID""课程 ID"和"课程名称"3 个字段的内容，所建查询名为 QX4，当运行该查询时，应显示参数提示信息"请输入上课日期"。

（5）创建查询，按"上课日期"统计同一天上课的课程数，显示"上课日期"和"课程数"两个字段，所建查询名为 QX5。

实验五

涉及的知识点

使用设计视图创建选择查询、查询条件的使用、创建参数查询。

操作要求

（1）打开素材文件夹 sc291402005 中的数据库文件 samp2.accdb，里面已经设计好表对象 tBand 和 tLline。并按照以下要求完成操作：创建查询，查找线路信息，显示

"线路 ID""线路名""天数"和"导游姓名"4 个字段的内容,所建查询名为 QX1。

（2）创建查询,根据"导游姓名"查找团队信息,显示"团队 ID""导游姓名"和"出发时间"3 个字段的内容,所建查询名为 QX2,当运行该查询时,应显示参数提示信息"请输入导游姓名"。

（3）创建查询,统计相同导游带的团队数,显示标题为"导游姓名"和"团队数",所建查询名为 QX3。

（4）创建查询,统计"天数"大于 2 天的线路,显示标题为"线路 ID""线路名"和"天数",所建查询名为 QX4。

（5）创建查询,查找费用低于 3 000 元（包含 3 000）,天数小于 5 天的线路信息,显示标题为"线路名""天数"和"费用"3 个字段信息,所建查询名为 QX5。

实验六

涉及的知识点

使用设计视图创建选择查询、查询条件的使用、创建参数查询。

操作要求

（1）打开素材文件夹 sc291402006 中的数据库文件"samp2.accdb",里面已经设计好表对象 tBand 和 tLline。并按照以下要求完成操作:创建查询,查找 12 月份出发的线路信息,显示"线路 ID""线路名""天数"和"导游姓名"4 个字段的内容,所建查询名为 QX1。

（2）创建查询,根据"线路名"查找线路信息,显示"线路 ID""天数"和"费用"3 个字段的内容,所建查询名为 QX2,当运行该查询时,应显示参数提示信息"请输入线路名"。

（3）创建查询,查找费用高于 3 000 元（不包含 3 000）,或者天数大于 5 天的线路信息,显示标题为"线路名""天数"和"费用"3 个字段信息,所建查询名为 QX3。

（4）创建查询,统计"天数"大于 2 天的线路,显示标题为"线路 ID""线路名"和"天数",所建查询名为 QX4。

（5）创建查询,出发时间为第四季度的线路信息,显示"线路 ID"和"线路名"两个字段的内容,所建查询名为 QX5。

提示

QX5 的条件:出发时间为第四季度,季度计算公式为:Int ((Month([日期])-1)/3) +1。
Access 内部常用函数如表 2-6～表 2-10 所示。

表 2-6　数 值 函 数

函　数	功　能	示　例	结　果
Abs(数值表达式)	返回数值表达式值的绝对值	Abs(-30)	30
Int(数值表达式)	返回数值表达式值的整数部分值,如果数值表达式的值是负数,返回小于或等于数值表达式值的第一负整数	Int(5.5) Int(-5.5)	5 -6

续表

函　数	功　能	示　例	结　果
Fix(数值表达式)	返回数值表达式值的整数部分值，如果数值表达式的值是负数，返回大于或等于数值表达式值的第一负整数	Fix(5.5) Fix(−5.5)	5 −5
Sqr(数值表达式)	返回数值表达式值的平方根值	Sqr(9)	3
Sgn(数值表达式)	返回数值表达式值的符号对应值，数值表达式的值大于 0、等于 0、小于 0，返回值分别为 1、0、−1	Sgn(5.3) Sgn(0) Sgn(−6.5)	1 0 −1
Round(数值表达式 1，数值表达式 2)	对数值表达式 1 的值按数值表达式 2 指定的位数四舍五入	Round(35.57,1) Round(35.52,0)	35.6 36

表 2-7　字　符　函　数

函　数	功　能	示　例	结　果
Space(数值表达式)	返回数值表达式值指定的空格个数组成的空字符串	"教学"& Space(2) &"管理"	教学 管理
String(数值表达式，字符表达式)	返回一个由字符表达式的第一个字符重复组成的由数值表达式值指定长度的字符串	String(4,"abcdabcdabcd")	aaaa
Len(字符表达式)	返回字符表达式的字符个数	Len("教学"&"管理")	4
Left(字符表达式,数值表达式)	按数值表达式值取字符表达式值的左边子字符串	Left("数据库管理系统",3)	数据库
Right(字符表达式,数值表达式)	按数值表达式值取字符表达式值的右边子字符串	Right("数据库管理系统",2)	系统
Mid(字符表达式,数值表达式 1[,数值表达式 2])	从字符表达式值中返回以数值表达式 1 规定起点，以数值表达式 2 指定长度的字符串	Mid("abcd" &" efg",3,3)	cde
Ltrim(字符表达式)	返回去掉字符表达式前导空格的字符串	"教学" &(Ltrim(" 管理"))	教学管理
Rtrim(字符表达式)	返回去掉字符表达式尾部空格的字符串	Rtrim("教学　")&"管理"	教学管理
Trim(字符表达式)	返回去掉字符表达式前导和尾部空格的字符串	Trim(" 教学 ")&"管理"	教学管理

表 2-8　日期时间函数

函　数	功　能	示　例	结　果
Date()	返回当前系统日期		
Month(日期表达式)	返回日期表达式对应的月份值	Month(#2016−03−02#)	3
Year(日期表达式)	返回日期表达式对应的年份值	Year(#2016−03−02#)	2016
Day(日期表达式)	返回日期表达式对应的日期值	Day(#2016−03−02#)	2
Wteekday(日期表达式)	返回日期表达式对应的星期值	Weekday(#2016−04−02#)	6

表 2-9　统 计 函 数

函　　数	功　　能	示　　例	结　　果
Sum(字符表达式)	返回表达式所对应的数字型字段的列值的总和	Sum(成绩)	计算成绩字段列的总和
Avg(字符表达式)	返回表达式所对应的数字型字段的列中所有值的平均值。Null 值将被忽略	Avg(成绩)	计算成绩字段列的平均值
Count(字符表达式) Count(*)	返回含字段的表达式列中值的数目或者表或组中所有行的数目(如果指定为 COUNT(*))。该字段中的值为 Null（空值）时，COUNT(数值表达式)将不把空值计算在内，但是 COUNT(*)在计数时包括空值	Count(成绩)	统计有成绩的学生人数
Max(字符表达式)	返回含字段表达式列中的最大值（对于文本数据类型，按字母排序的最后一个值）。忽略空值	Max(成绩)	返回成绩字段列的最大值
Min(字符表达式)	返回含字段表达式列中最小的值（对于文本数据类型，按字母排序的第一个值）。忽略空值	Min(成绩)	返回成绩字段列的最小值

表 2-10　域聚合函数

函　　数	功　　能	示　　例	结　　果
DSum(字符表达式 1,字符表达式 2[,字符表达式 3])	返回指定记录集的一组值的总和	DSum("成绩","选课",[学号]="10150226")	求"选课"表中学号为"10150226"的学生选修课程的总分
DAvg(字符表达式 1,字符表达式 2[,字符表达式 3])	返回指定记录集的一组值的平均值	DAvg("成绩","选课",[课程号]="TC01")	求"选课"表中课程号为"TC01"的课程的平均分
DCount(字符表达式 1,字符表达式 2[,字符表达式 3])	返回指定记录集的记录数	DCount("学号","学生",[性别]="男")	统计"学生"表中男同学人数
DMax(字符表达式 1,字符表达式 2[,字符表达式 3])	返回一列数据的最大值	DMax("成绩","选课",[课程号]="TC01")	求"选课"表中课程号为"TC01"的课程的最高分
DMin(字符表达式 1,字符表达式 2[,字符表达式 3])	返回一列数据的最小值	DMin("成绩","选课",[课程号]="TC01")	求"选课"表中课程号为"TC01"的课程的最低分
DLookup(字符表达式 1,字符表达式 2[,字符表达式 3])	查找指定记录集中特定字段的值	DLookup("姓名","教师",[教师编号]="13001")	查找"教师"表中教师编号为"13001"的教师的姓名

实验七

 涉及的知识点

使用设计视图创建选择查询、查询条件的使用、创建参数查询。

操作要求

（1）打开素材文件夹 sc291402007 中的数据库文件 samp2.accdb，里面已经设计好表对象 tBand 和 tLline。并按照以下要求完成操作：创建查询，根据"费用"查找线路信息，显示"线路 ID""线路名"和"天数"3 个字段的内容，所建查询名为 QX1，当运行该查询时，应显示参数提示信息"请输入费用"。

（2）创建查询，根据"费用"和"天数"查找线路信息，显示"线路 ID""线路名""天数"和"费用"4 个字段的内容，所建查询名为 QX2，当运行该查询时，应显示参数提示信息"请输入费用"和"请输入天数"。

（3）创建查询，查找线路名中含有"山"的路线信息，显示"线路 ID""线路名"和"费用"3 个字段的内容，所建查询名为 QX3。

（4）创建查询，出发时间为第一季度的线路信息，显示"线路 ID"和"线路名"两个字段的内容，所建查询名为 QX4。

（5）创建查询，统计"刘河"导游所带的团队数，所建查询名为 QX5。

实验八

涉及的知识点

使用设计视图创建选择查询、查询条件的使用、创建参数查询。

操作要求

（1）打开素材文件夹 sc291402008 中的数据库文件 samp2.accdb，里面已经设计好表对象 tBand 和 tLline。并按照以下要求完成操作：创建查询，根据"团队 ID"查找线路信息，显示"线路 ID""线路名"和"导游姓名"3 个字段的内容，所建查询名为 QX1，当运行该查询时，应显示参数提示信息"请输入团队编号"。

（2）创建查询，根据"线路名"和"费用"查找线路信息，显示"线路 ID""线路名""天数"和"费用"4 个字段的内容，所建查询名为 QX2，当运行该查询时，应显示参数提示信息"请输入费用"和"请输入线路名"。

（3）创建查询，查找线路名中含有"海"的路线信息，显示"线路 ID""线路名"和"费用"3 个字段的内容，所建查询名为 QX3。

（4）创建参数查询，按姓氏查找导游所带的旅游团队信息，显示"导游姓名""线路名"和"天数"，当运行该查询时，应显示参数提示信息"请输入姓氏"，所建查询名为 QX4。

（5）创建参数查询，按某段费用查找旅游线路信息，显示"线路名""天数"和"费用"，当运行该查询时，应显示参数提示信息"请输入最低费用"和"请输入最高费用"，所建查询名为 QX5。

提示

（1）QX4 为参数查询，在"导游姓名"字段的"条件"行中输入"Like [请输入姓氏:] & "*""。

（2）QX5 为参数查询，在"费用"字段的"条件"行中输入">=[请输入最低费用:] And <=[请输入最高费用:]"。

实验九

涉及的知识点

使用设计视图创建选择查询、查询条件的使用、创建参数查询。

操作要求

（1）打开素材文件夹 sc291402009 中的数据库文件"房产.accdb"，里面已经设计好表对象"房产销售情况表""房源基本情况表""客户基本情况表"和"业务员基本情况表"。并按照以下要求完成操作：创建查询，根据"户型"查找房源信息，显示"户型""总面积""成本单价"和"详细地址"4 个字段的内容，所建查询名为 QX1，当运行该查询时，应显示参数提示信息"请输入户型"。

（2）创建查询，根据"成本单价"和"面积"查找房源信息，显示"户型""总面积""成本单价"和"详细地址"4 个字段的内容，所建查询名为 QX2，当运行该查询时，应显示参数提示信息"请输入成本单价"和"请输入面积"。

（3）创建查询，统计"成本单价"在 2100 以下（包含 2100）的房源信息，显示"户型""总面积""成本单价"和"详细地址"4 个字段的内容，所建查询名为 QX3。

（4）创建查询，统计 2004 年房屋销售的总数量信息，显示标题设置为"年份"和"销售总数"，所建查询名为 QX4。

（5）创建查询，统计各民族的客户人数，显示标题设置为"民族"和"客户人数"，所建查询名为 QX5。

实验十

涉及的知识点

使用设计视图创建选择查询、查询条件的使用、创建参数查询。

操作要求

（1）打开素材文件夹 sc291402010 中的数据库文件"房产.accdb"，里面已经设计好表对象"房产销售情况表""房源基本情况表""客户基本情况表"和"业务员基本情况表"。并按照以下要求完成操作：创建查询，根据"付款方式"查找销售信息，显示"成交单价""总面积""售出日期"和"详细地址"4 个字段的内容，所建查询名为 QX1，当运行该查询时，应显示参数提示信息"请输入付款方式"。

（2）创建查询，根据"业务员姓名"和"售出日期"查找销售信息，显示"业务员姓名""成交单价"和"详细地址"3 个字段的内容，所建查询名为 QX2，当运行该查询时，应显示参数提示信息"请输入业务员姓名"和"请输入售出日期"。

（3）创建查询，统计"成本单价"在 2 300 以上（包含 2 300）的房源信息，显示"户型""总面积""成本单价"和"详细地址"4 个字段的内容，所建查询名为 QX3。

（4）创建查询，统计没有销售出去的房源信息，显示"详细地址""户型"和"成本单价"3 个字段的内容，所建查询名为 QX4。

（5）创建查询，统计"总面积"在 100 以上（包含 100）的房源信息，显示"户型""总面积""成本单价"和"详细地址"4 个字段的内容，所建查询名为 QX5。

提示

QX4 可使用查找不匹配项查询向导创建基于"房源基本情况表"与"房产销售情况表"的查询完成。也可以先修改"房源基本情况表"与"房产销售情况表"的联接属性，再使用设计视图创建查询。

实验十一

涉及的知识点

使用设计视图创建选择查询、查询条件的使用、创建参数查询。

操作要求

（1）打开素材文件夹 sc291402011 中的数据库文件"房产.accdb"，里面已经设计好表对象"房产销售情况表""房源基本情况表""客户基本情况表"和"业务员基本情况表"。并按照以下要求完成操作：创建查询，根据"成交单价"查找销售信息，显示"成交单价""总面积""售出日期"和"详细地址"4 个字段的内容，所建查询名为 QX1，当运行该查询时，应显示参数提示信息"请输入成交单价"。

（2）创建查询，根据"性别"和"民族"查找客户信息，显示"姓名""工作单位"和"电话"3 个字段的内容，所建查询名为 QX2，当运行该查询时，应显示参数提示信息"请输入性别"和"请输入民族"。

（3）创建查询，查找没有销售业绩的销售员信息，显示"姓名"和"所属部门"两个字段的内容，所建查询名为 QX3。

（4）创建参数查询，按价位区间查找房屋信息，显示"详细地址""户型"和"成本单价"3 个字段的内容，所建查询名为 QX4，当运行该查询时，应显示参数提示信息"请输入最低价格"和"请输入最高价格"。

（5）创建查询，统计所有销售房屋的平均成交单价，显示标题设置为"平均成交单价"，所建查询名为 QX5。

提示

（1）QX3 可使用查找不匹配项查询向导创建基于"业务员基本情况表"与"房产销售情况表"的查询完成。也可以先修改"业务员基本情况表"与"房产销售情况表"的联接属性，再使用设计视图创建查询。

（2）QX4 为参数查询，在"成本单价"字段的"条件"行输入">=[请输入最低价格:] And <=[请输入最高价格:]"。

（3）QX5 中"平均成交单价"是计算字段，公式为 Avg([成交单价])。

实验十二

涉及的知识点

使用设计视图创建选择查询、查询条件的使用、创建参数查询。

操作要求

（1）打开素材文件夹 sc291402012 中的数据库文件"房产.accdb"，里面已经设计好表对象"房产销售情况表""房源基本情况表""客户基本情况表"和"业务员基本情况表"。并按照以下要求完成操作：创建查询，根据"姓名"查找客户信息，显示"姓名""工作单位"和"电话"3 个字段的内容，所建查询名为 QX1，当运行该查询时，应显示参数提示信息"请输入客户姓名"。

（2）创建查询，根据"姓名"和"付款方式"查找客户信息，显示"姓名""电话"和"售出日期"3 个字段的内容，所建查询名为 QX2，当运行该查询时，应显示参数提示信息"请输入姓名"和"请输入付款方式"。

（3）创建查询，根据"电话"查找客户信息"姓名""工作单位"和"电话"3 个字段的内容，所建查询名为 QX3，当运行该查询时，应显示参数提示信息"请输入客户电话"。

（4）创建查询，根据"详细地址"和"户型"查找销售信息，显示"成本单价""售出日期"和"成交单价"3 个字段的内容，所建查询名为 QX4，当运行该查询时，应显示参数提示信息"请输入详细地址"和"请输入户型"。

（5）创建参数查询，按姓氏查找业务员销售房子的信息，显示"详细地址""户型"和"售出日期"，当运行该查询时，应显示参数提示信息"请输入业务员姓氏"，所建查询名为 QX5。

提示

QX5 为参数查询，在"业务员姓名"字段的"条件"行输入"Like [请输入业务员姓氏] & "*""。

实验十三

涉及的知识点

使用设计视图创建选择查询、查询条件的使用、创建参数查询。

操作要求

（1）打开素材文件夹 sc291402013 中的数据库文件"房产.accdb"，里面已经设计好表对象"房产销售情况表""房源基本情况表""客户基本情况表"和"业务员基本情况表"。并按照以下要求完成操作：创建查询，根据"业务员代码"查找员工的销售信息，显示"姓名""所属部门""房源代码"和"成交单价"4 个字段的内容，所建查询名为 QX1，当运行该查询时，应显示参数提示信息"请输入业务员代码"。

（2）创建查询，根据"户型"查找销售信息，显示"成本单价""售出日期"和"成交单价"3 个字段的内容，所建查询名为 QX2，当运行该查询时，应显示参数提示信息"请输入户型"。

（3）创建查询，根据"所属部门"查找员工的信息，显示"姓名""所属部门"两个字段的内容，所建查询名为 QX3，当运行该查询时，应显示参数提示信息"请输入所属部门"。

（4）创建查询，根据"售出日期"的月份查找客户信息，显示"姓名""售出月份"（使用函数计算得到）和"成交单价"3个字段的内容，所建查询名为QX4，当运行该查询时，应显示参数提示信息"请输入售出月份"。

（5）创建查询，统计房源信息中房子的平均成本单价，显示"平均成本单价"，所建查询名为QX5。

提示

QX4中的"售出月份"为计算字段，计算表达式为售出月份: Month([售出日期])。

2.3　交叉表查询

实验一

涉及的知识点

使用设计视图创建选择查询、查询条件的使用、创建参数查询、创建交叉表查询。

操作要求

（1）打开素材文件夹 sc291403001 中的数据库文件"房产.accdb"，里面已经设计好表对象"房产销售情况表""房源基本情况表""客户基本情况表"和"业务员基本情况表"。并按照以下要求完成操作：创建查询，根据"所属部门"查找员工及其销售信息，显示"姓名""房源代码"和"售出日期"三个字段的内容，所建查询名为QX1，当运行该查询时，应显示参数提示信息"请输入员工所属部门"。

（2）创建交叉表查询，统计不同付款方式下各户型销售的房屋总数，行设置为付款方式，列设置为户型，所建查询名为QX2。

（3）创建查询，统计"成本单价"在 2 100 以上（包含 2 100）的房源信息，显示"户型""总面积""成本单价"和"详细地址"4个字段的内容，所建查询名为QX3。

（4）创建查询，查找没有销售业绩的销售员信息，显示"姓名"和"所属部门"两个字段的内容，所建查询名为QX4。

（5）创建查询，查找没有销售出去的房源信息，显示"详细地址""户型"和"总面积"3个字段的内容，所建查询名为QX5。

提示

（1）QX2为交叉表查询，先建立选择查询，里面包含"付款方式""户型"和"房源代码"3个字段，然后修改查询类型为"交叉表查询"，并设置行为"付款方式"，列为"户型"，值为"房源代码"，"付款方式"和"户型"的总计行设为 group by，"房源代码"的总计行设为"计数"。

（2）QX4、QX5 均使用"查找不匹配项查询向导"完成创建。也可以通过修改联接属性再用设计视图创建完成。

实验二

涉及的知识点

使用设计视图创建选择查询、查询条件的使用、创建参数查询、创建交叉表查询。

操作要求

（1）打开素材文件夹 sc291403002 中的数据库文件 samp1.accdb，里面已经设计好表对象 tGrade、tStudent、tCourse 和 tTemp。并按照以下要求完成操作：创建查询，查找并显示含有不及格成绩的学生的"姓名""课程名"和"成绩"3 个字段的内容，所建查询名为 QX1。

（2）创建查询，查找毕业学校为"北京一中"的学生的"姓名""课程名"和"成绩"3 个字段的内容，所建查询名为 QX2。

（3）创建查询，根据"学号"查询成绩，显示"学号"和"成绩"信息，所建查询名为 QX3，当运行该查询时，应显示参数提示信息"请输入学号"。

（4）创建交叉表查询，统计每个班级每门课的平均成绩，行设置为班级，列设置为课程名，所建查询名为 QX4。

（5）创建交叉表查询，统计相同学校学生的平均成绩，行设置为毕业学校，列设置为课程名，所建查询名为 QX5。

实验三

涉及的知识点

使用设计视图创建选择查询、查询条件的使用、创建参数查询、创建交叉表查询。

操作要求

（1）打开素材文件夹 sc291403003 中的数据库文件 samp1.accdb，里面已经设计好表对象 tGrade、tStudent、tCourse 和 tTemp。并按照以下要求完成操作：创建查询，查找选修了"高等数学"或"专业英语"两门课的学生信息，显示学生的"姓名""课程名"和"成绩"3 个字段的内容，所建查询名为 QX1。

（2）创建查询，根据"毕业学校"查询成绩，显示"学号"和"班级"信息，所建查询名为 QX2，当运行该查询时，应显示参数提示信息 "请输入毕业学校"。

（3）创建交叉表查询，统计每个班级男女人数总数，行设置为班级，列设置为性别，所建查询名为 QX3。

（4）创建交叉表查询，统计每个班级每门课的平均成绩，行设置为班级，列设置为课程名，所建查询名为 QX4。

（5）创建查询，根据"学号"统计每个学生的平均成绩，显示标题设置为"学号"和"平均成绩"信息，所建查询名为 QX5。

实验四

涉及的知识点

使用设计视图创建选择查询、查询条件的使用、创建交叉表查询。

操作要求

（1）打开素材文件夹 sc291403004 中的数据库文件 samp1.accdb，里面已经设计好表对象 tGrade、tStudent、tCourse 和 tTemp。并按照以下要求完成操作：创建查询，查找女团员的基本信息，显示"学号""出生日期"和"毕业学校"信息，所建查询名为 QX1。

（2）创建查询，查找选修了"高等数学"或"专业英语"两门课的女学生信息，显示学生的"姓名""课程名""性别"和"成绩"4个字段的内容，所建查询名为 QX2。

（3）创建交叉表查询，统计每个班级团员和群众的人数总数，行设置为班级，列设置为政治面貌，所建查询名为 QX3。

（4）创建交叉表查询，统计每个班级学生所上课程的平均成绩，行设置为班级，列设置为课程名，所建查询名为 QX4。

（5）创建交叉表查询，统计党员和团员每门课程的平均分，行设置为政治面貌，列设置为课程名，所建查询名为 QX5。

提示

（1）QX3 为带条件的交叉表查询，先建立选择查询，里面包含"班级""政治面貌"和"学号"3个字段，然后修改查询类型为"交叉表查询"，并设置行为"班级"，列为"政治面貌"，值为"学号"，"班级"、"政治面貌"的总计行设为 group by，"学号"的总计行设为"计数"，"政治面貌"的"条件"行设为""团员" Or "群众""。

（2）QX5 为带条件的交叉表查询，先建立选择查询，里面包含"政治面貌""课程名"和"成绩"3个字段，然后修改查询类型为"交叉表查询"，并设置行为"政治面貌"，列为"课程名"，值为"成绩"，"政治面貌""课程名"的总计行设为 group by，"成绩"的总计行设为"平均值"，"政治面貌"的"条件"行设为""党员" Or"团员""。

实验五

涉及的知识点

使用设计视图创建选择查询、查询条件的使用、创建交叉表查询。

操作要求

（1）打开素材文件夹 sc291403005 中的数据库文件 samp1.accdb，里面已经设计好表对象 tGrade、tStudent、tCourse 和 tTemp。并按照以下要求完成操作：创建查询，查找生日在上半年的学生的基本信息，显示"学号""出生日期"和"毕业学校"信息，所建查询名为 QX1。

（2）创建交叉表查询，按"毕业学校"统计男女生人数，行设置为毕业学校，列设置为性别，所建查询名为 QX2。

（3）创建查询，查找没有选课的学生的基本信息，显示"学号""政治面貌"和"毕业学校"信息，所建查询名为 QX3。

（4）创建交叉表查询，要求能显示各门课程男女生不及格人数，行设置为性别，列设置为课程名，所建查询名为 QX4。

（5）创建交叉表查询，按"毕业学校"统计男女生人数，行设置为毕业学校，列设置为性别，所建查询名为 QX5。

提示

（1）QX1 为带条件的选择查询，要查找生日在上半年的学生的基本信息，需在"出生日期"字段的"条件"行输入条件"Month([出生日期])>=1 And Month([出生日期])<=6"。

（2）QX3 通过使用"查找不匹配项查询向导"创建基于 tStudent 表和 tGrade 表的查询。也可以先修改 tStudent 表和 tGrade 表的联接属性，再使用设计视图创建查询。

（3）QX4 为带条件的交叉表查询，添加"成绩"字段，在该字段的"交叉表"行设置"不显示"，"总计"行设置为 where，"条件"行设置为<60。

实验六

涉及的知识点

使用设计视图创建选择查询、查询条件的使用、创建交叉表查询。

操作要求

（1）打开素材文件夹 sc291403006 中的数据库文件 samp1.accdb，里面已经设计好表对象 tGrade、tStudent、tCourse 和 tTemp。并按照以下要求完成操作：创建查询，查找姓"张"的女学生的基本信息，显示"学号""政治面貌"和"毕业学校"信息，所建查询名为 QX1。

（2）创建查询，计算每个学生的平均成绩，并按平均成绩降序显示"姓名""毕业学校"和"平均成绩"3 个字段的内容，所建查询名为 QX2。

（3）创建交叉表查询，要求能显示各门课程团员与群众的不及格人数，行设置为政治面貌，列设置为课程名，所建查询名为 QX3。

（4）创建交叉表查询，要求能显示不同毕业学校、政治面貌不同的学生人数，行设置为政治面貌，列设置为毕业学校，所建查询名为 QX4。

（5）创建交叉表查询，统计每个班级男女人数总数，行设置为班级，列设置为性别，所建查询名为 QX5。

实验七

涉及的知识点

使用设计视图创建选择查询、查询条件的使用、创建交叉表查询。

操作要求

（1）打开素材文件夹 sc291403007 中的数据库文件"房产.accdb"，里面已经设计好表对象"房产销售情况表""房源基本情况表""客户基本情况表"和"业务员基本情况表"。并按照以下要求完成操作：创建查询，统计"成本单价"在 2100 以下（包含 2100）的房源信息，显示"户型""总面积""成本单价"和"详细地址"4 个字段的内容，所建查询名为 QX1。

（2）创建交叉表查询，计算每个销售部门每个销售员销售的最高成交单价，要求：行标题显示所属部门，列标题显示业务员代码，所建查询名为 QX2。

（3）创建查询，查找没有销售业绩的销售员信息，显示"姓名"和"所属部门"两个字段的内容，所建查询名为 QX3。

（4）创建查询，查找泰来小区总面积大于等于 100 平方米的房子信息，显示"详细地址""户型""总面积"和"成本单价"信息，所见查询名为 QX4。

（5）创建交叉表查询，计算每个销售部门每个销售员销售的平均面积，要求：行标题显示所属部门，列标题显示业务员代码，所建查询名为 QX5。

提示

QX3 通过使用"查找不匹配项查询向导"创建基于"业务员基本情况表"和"房产销售情况表"的查询。也可先修改"业务员基本情况表"和"房产销售情况表"的联接属性，再通过设计视图创建查询。

实验八

涉及的知识点

使用设计视图创建选择查询、查询条件的使用、创建交叉表查询。

操作要求

（1）打开素材文件夹 sc291403008 中的数据库文件"房产.accdb"，里面已经设计好表对象"房产销售情况表""房源基本情况表""客户基本情况表"和"业务员基本情况表"。并按照以下要求完成操作：创建查询，统计"售出日期"在 2004 年下半年的销售信息，显示"房源代码""成交单价""成本单价"和"付款方式"4个字段的内容，所建查询名为 QX1。

（2）创建查询，查找泰来小区 14 号的房子信息，显示"详细地址""户型""总面积"和"成本单价"信息，所见查询名为 QX2。

（3）创建查询，查找户型为"两室一厅"的，"成本单价"小于 2 200 的房源信息，显示"房源代码""详细地址""成本单价"和"总面积"4个字段的内容，所建查询名为 QX3。

（4）创建查询，查找泰来小区总面积小于 100 平方米的房子信息，显示"详细地址""户型""总面积"和"成本单价"信息，所见查询名为 QX4。

（5）创建交叉表查询，计算每个销售部门每个销售员销售的最大总面积，要求：行标题显示所属部门，列标题显示业务员代码，所建查询名为 QX5。

提示

QX2 查找泰来小区 14 号的房子信息，需在"详细地址"字段的"条件"行输入"Like "*" & "泰来小区" & "*" & "14" & "*""。

实验九

涉及的知识点

使用设计视图创建选择查询、查询条件的使用、创建交叉表查询。

操作要求

（1）打开素材文件夹 sc291403009 中的数据库文件 samp2.accdb，里面已经设计好表对象"tBook""tDetail""tEmployee"和"tOrder"。并按照以下要求完成操作：

创建查询，查找"计算机"类别的，"电子工业出版社"出版的书籍信息，显示"书籍名称""定价""作者名"和"出版社名称"4个字段的内容，所建查询名为QX1。

（2）创建查询，查找"定价"小于20的，类别为"计算机"的书籍信息，显示"书籍名称""定价""作者名"和"出版社名称"4个字段的内容，所建查询名为QX2。

（3）创建交叉表查询，计算每个出版社各类别的书籍总数，要求：行标题显示出版社名称，列标题显示类别，所建查询名为QX3。

（4）创建查询，查找职务级别为"经理"类别的雇员信息，显示"姓名""性别"和"简历"3个字段的内容，所建查询名为QX4。

（5）创建交叉表查询，计算每个雇员各类别的书籍订阅的总数量，要求：行标题显示雇员姓名，列标题显示类别，所建查询名为QX5。

实验十

涉及的知识点

使用设计视图创建选择查询、查询条件的使用、创建交叉表查询。

操作要求

（1）打开素材文件夹sc291403010中的数据库文件samp2.accdb，里面已经设计好表对象"tBook""tDetail""tEmployee"和"tOrder"。并按照以下要求完成操作：创建查询，查找"会计"类别的，"中国商业出版社"出版的书籍信息，显示"书籍名称""定价""作者名"和"出版社名称"4个字段的内容，所建查询名为QX1。

（2）创建查询，查找所有女经理的简历，显示"姓名""出生日期"和"简历"3个字段的内容，所建查询名为QX2。

（3）创建查询，查找出版社是"清华大学出版社"的订单信息，显示"订单ID""书籍名称""数量"和"单价"4个字段的内容，所建查询名为QX3。

（4）创建交叉表查询，计算每个雇员各类别的书籍订阅的平均单价，要求：行标题显示雇员姓名，列标题显示类别，所建查询名为QX4。

（5）创建交叉表查询，计算每个出版社各个类别书籍的平均定价，要求：行标题显示出版社名称，列标题显示类别，所建查询名为QX5。

实验十一

涉及的知识点

使用设计视图创建选择查询、查询条件的使用、创建交叉表查询。

操作要求

（1）打开素材文件夹sc291403011中的数据库文件samp2.accdb，里面已经设计好表对象"tBook""tDetail""tEmployee"和"tOrder"。并按照以下要求完成操作：创建查询，查找出版社是"清华大学出版社"的订单信息，显示"订单ID""书籍名称""数量"和"单价"4个字段的内容，所建查询名为QX1。

（2）创建查询，查找职务级别为"职员"类别的雇员信息，显示"姓名""性别"和"简历"3个字段的内容，所建查询名为QX2。

（3）创建查询，查找性别为"女"的雇员信息，显示"姓名""性别"和"简历"3个字段的内容，所建查询名为QX3。

（4）创建交叉表查询，计算每个出版社各个类别书籍的平均定价，要求：行标题显示出版社名称，列标题显示类别，所建查询名为QX4。

（5）创建交叉表查询，计算每个雇员各类别的书籍订阅的最低单价，要求：行标题显示雇员姓名，列标题显示类别，所建查询名为QX5。

实验十二

涉及的知识点

使用设计视图创建选择查询、查询条件的使用、创建交叉表查询。

操作要求

（1）打开素材文件夹 sc291403012 中的数据库文件 samp2.accdb，里面已经设计好表对象"tBook""tDetail""tEmployee"和"tOrder"。并按照以下要求完成操作：创建查询，查找职务级别为"经理"类别的雇员信息，显示"姓名""性别"和"简历"3个字段的内容，所建查询名为QX1。

（2）创建查询，查找定价最低的书籍信息，标题显示设置为"书籍名称""定价"和"出版社名称"3个字段的内容，所建查询名为QX2。

（3）创建查询，计算订单中书籍"单价"与"定价"之差，标题显示设置为"书籍名称"和"差额"两个字段的内容，所建查询名为QX3。

（4）创建交叉表查询，计算每个雇员不同订单日期的订单总数，要求：行标题显示雇员姓名，列标题显示订购日期，所建查询名为QX4。

（5）创建交叉表查询，计算每个雇员对不同出版社发出的订单总数，要求：行标题显示雇员姓名，列标题显示出版社名称，所建查询名为QX5。

提示

QX2查找定价最低的书籍信息，需在"定价"字段的"条件"行输入"<=(select min([定价]) from [tBook])"。

实验十三

涉及的知识点

使用设计视图创建选择查询、查询条件的使用、创建交叉表查询。

操作要求

（1）打开素材文件夹 sc291403013 中的数据库文件 samp1.accdb，里面已经设计好表对象 tGrade、tStudent、tCourse 和 tTemp。并按照以下要求完成操作：创建查询，查找姓"张"的女学生的基本信息，显示"学号""政治面貌"和"毕业学校"信息，所建查询名为QX1。

（2）创建查询，计算每个学生的平均成绩，显示"姓名""毕业学校"和"平均成绩"3个字段的内容，所建查询名为QX2。

（3）创建交叉表查询，以表对象 tGrade 和 tCourse 为基础，选择学生的"学号"为行标题、"课程编号"为列标题来统计输出学分小于 6 分的学生平均成绩，所建查询名为 QX3。

（4）创建交叉表查询，统计每个班级男女人数总数，行标题设置为班级，列标题设置为性别，所建查询名为 QX4。

（5）创建交叉表查询，按"毕业学校"统计男女生人数，行标题设置为毕业学校，列标题设置为性别，所建查询名为 QX5。

2.4 操作查询

实验一

涉及的知识点

使用设计视图创建选择查询、查询条件的使用、创建操作查询。

操作要求

（1）打开素材 sc291404001 文件夹中的数据库文件 samp1.accdb，里面已经设计好表对象 tScore、tStud、tCourse 和 tTemp。并按照以下要求完成操作：创建查询，查找并显示所有女学生的简历情况，显示"姓名""入校时间"和"简历"3 个字段的内容，所建查询名为 QX1。

（2）创建查询，查找成绩大于 80 分的学生，标题显示"课程名""姓名"两个字段的内容，所建查询名为 QX2。

（3）创建追加查询，将表对象 tStud 中的"学号""姓名""性别"和"年龄"4 个字段的内容追加到目标表 tTemp 对应字段内，所建查询名为 QX3，并运行该查询，注意"姓名"字段的第一个字符为姓，后面剩余字符为名。

（4）创建查询，将表 tCourse 中"学分"字段记录值为 1 的记录的学分都修改为 2，所建查询名为 QX4。

（5）创建查询，删除 tTemp 表中女生的记录，所建查询名为 QX5。

提示

（1）QX3 为追加查询，追加查询要求追加与被追加表的表结构相同，因此需要先在 tStud 表中创建计算字段"姓:left([姓名],1)"和"名:mid([姓名],2)"，然后再做追加。

（2）QX4 为更新查询，先创建带条件的选择查询，将 tCourse 表中"学分"字段记录值为 1 的记录找到，然后进行更新。

（3）QX5 为删除查询，先创建带条件的选择查询，将 tTemp 表中"性别"字段值为女的记录找到，然后进行删除。

实验二

涉及的知识点

使用设计视图创建选择查询、查询条件的使用、创建操作查询。

操作要求

（1）打开素材 sc291404002 文件夹中的数据库文件 samp2.accdb，里面已经设计好表对象 tScore、tStud、tCourse 和 tTemp。并按照以下要求完成操作：创建追加查询，将表对象 tStud 中的没有"绘画"爱好的学生的"学号""姓名"和"年龄"3 个字段的内容追加到目标表 tTemp 对应的字段内，所建查询名为 QX1，并运行该查询。

（2）创建更新查询，将表 tCourse 中"学分"字段的记录值都上调 10%，所建查询名为 QX2。

（3）创建生成表查询，将表对象 tStud 中的男生信息查找出来生成一张名为"男生信息表"的新表，所建查询名为 QX3。

（4）创建删除查询，删除表 tCourse 中"先修课程"字段为"S0101"的记录，所建查询名为 QX4。

（5）创建删除查询，删除表 tScore 中"成绩"低于 80 分的记录，所建查询名为 QX5。

实验三

涉及的知识点

使用设计视图创建选择查询、查询条件的使用、创建操作查询。

操作要求

（1）打开素材 sc291404003 文件夹中的数据库文件 samp3.accdb，里面已经设计好表对象 tScore tStud 和 tCourse。并按照以下要求完成操作：创建查询，查找党员记录，并显示"姓名""性别"和"入校时间"字段的内容，所建查询名为 QX1。

（2）创建查询，运行该查询后生成一个新表，表名为 tTemp，表结构包括"姓名""课程名"和"成绩"3 个字段，表内容为不及格的所有学生记录，所建查询名为 QX2。

（3）创建查询，将表 tTemp 中姓名为"张进"的学生信息删除，所建查询名为 QX3。

（4）创建查询，将表 tStud 中不是党员的学生信息删除，所建查询名为 QX4。

（5）创建查询，将表 tStud 中女同学的学号的第 1 个字符更改为 1，所建查询名为 QX5。

实验四

涉及的知识点

使用设计视图创建选择查询、查询条件的使用、创建操作查询。

操作要求

（1）打开素材 sc291404004 文件夹中的数据库文件 samp3.accdb，里面已经设计好表对象 tScore、tStud 和 tCourse。并按照以下要求完成操作：创建查询，查找非党员记录，并显示"姓名""性别"和"简历"3 个字段的内容，所建查询名为 QX1。

（2）创建查询，运行该查询后生成一个新表，表名为 tTemp，表结构包括"学号""姓名""年龄"和"成绩"4 个字段，表内容为成绩大于 90 的所有学生记录，所建查询名为 QX2。

（3）创建查询，将表 tTemp 中年龄小于等于 18 岁的学生信息删除，所建查询名为 QX3。

（4）创建查询，查找年龄在 20 岁以下的党员记录，并显示"姓名""性别"和"入校时间"字段的内容，所建查询名为 QX4。

（5）创建查询，将表 tStud 中姓名为"张军"的学生性别由"男"改为"女"，所建查询名为 QX5。

实验五

涉及的知识点

使用设计视图创建选择查询、查询条件的使用、创建操作查询。

操作要求

（1）打开素材 sc291404005 文件夹中的数据库文件 samp3.accdb，里面已经设计好表对象 tScore、tStud 和 tCourse。并按照以下要求完成操作：创建查询，查找并显示选课学生的"姓名""性别"和"课程名"字段的内容，所建查询名为 QX1。

（2）创建查询，运行该查询后生成一个新表，表名为 tTemp，表结构包括"学号""姓名""课程名"和"成绩" 4 个字段，表内容为所有姓"张"的学生记录，所建查询名为 QX2。

（3）创建查询，将表 tStud 中不是党员的学生信息删除，所建查询名为 QX3。

（4）创建查询，查找年龄在 20 岁以下的党员记录，并显示"姓名""性别"和"入校时间"字段的内容，所建查询名为 QX4。

（5）创建查询，将表 tTemp 中学生的学号的第 1 个字符更改为 1，所建查询名为 QX5。

实验六

涉及的知识点

使用设计视图创建选择查询、查询条件的使用、创建操作查询。

操作要求

（1）打开素材 sc291404006 文件夹中的数据库文件 samp3.accdb，里面已经设计好表对象 tScore、tStud 和 tCourse。并按照以下要求完成操作：创建查询，查找并显示选课学生的"姓名"、"性别"和"课程名"字段的内容，所建查询名为 QX1。

（2）创建查询，查找并显示 2004 年之后入学的学生的"姓名""性别"和"入校时间" 3 个字段的内容，所建查询名为 QX2。

（3）创建查询，运行该查询后生成一个新表，表名为 tTemp1，表结构包括"姓名""性别""入校时间"和"简历" 4 个字段，表内容为所有非党员的学生记录，所建查询名为 QX3。

（4）创建查询，运行该查询后生成一个新表，表名为 tTemp2，表结构包括"学号""姓名""课程名"和"成绩"4 个字段，表内容为所有 2004 年之后入校的学生记录，所建查询名为 QX4。

（5）创建查询，将表 tStud 中不是党员的学生信息删除，所建查询名为 QX5。

实验七

涉及的知识点

使用设计视图创建选择查询、查询条件的使用、创建操作查询。

操作要求

（1）打开素材 sc291404007 文件夹中的数据库文件 samp2.accdb，里面已经设计好表对象 tScore、tStud、tCourse 和 tTemp。并按照以下要求完成操作：创建查询，将表 tScore 中"成绩"字段的记录值都上调 10%，所建查询名为 QX1。

（2）创建追加查询，将 90 分以上的学生信息追加到表 tTemp 对应的字段内，所建查询名为 QX2。

（3）创建查询，查找成绩大于 80 分的学生，标题显示"课程名""姓名"两个字段的内容，所建查询名为 QX3。

（4）创建查询，查找"所属院系"为 04 的学生信息，标题显示"姓名""性别"和"简历"3 个字段的内容，所建查询名为 QX4。

（5）创建查询，将表 tCourse 中"数据库"课程信息删除，所建查询名为 QX5。

实验八

涉及的知识点

使用设计视图创建选择查询、查询条件的使用、创建操作查询。

操作要求

（1）打开素材 sc291404008 文件夹中的数据库文件 samp2.accdb，里面已经设计好表对象 tScore、tStud、tCourse 和 tTemp。并按照以下要求完成操作：创建追加查询，将"04"院系的学生信息追加到表 tTemp 对应字段内，所建查询名为 QX1。

（2）创建查询，将表 tTemp 中"年龄"字段值加 1，所建查询名为 QX2。

（3）创建查询，查找"所属院系"为 03 的学生信息，标题显示"姓名""性别"和"简历"3 个字段的内容所建查询名为 QX3。

（4）创建查询，将表 tCourse 中"先修课程"记录值为空的记录进行修改，将先修课程设置为"无"，所建查询名为 QX4。

（5）创建查询，将表 tTemp 中姓"王"的学生记录删除 ，所建查询名为 QX5。

实验九

涉及的知识点

使用设计视图创建选择查询、查询条件的使用、创建操作查询。

操作要求

（1）打开素材 sc291404009 文件夹中的数据库文件 samp3.accdb，里面已经设计好表对象 tScore、tStud、tCourse 和 tTemp。并按照以下要求完成操作：创建查询，将男同学的英语成绩都减 5 分，所建查询名为 QX1。

（2）创建查询，运行该查询后生成一个新表，表名为 tTemp1，表结构与表 tStud 相同，表内容为 tStud 表中成绩不及格的学生信息，所建查询名为 QX2。

（3）创建查询，显示"课程编号"为 01 的学生"学号"和"成绩"，所建查询名为 QX3。

（4）创建查询，查找"入校时间"为 2005/01/01 之后的学生信息，显示学生"姓名"和"简历"信息，所建查询名为 QX4。

（5）创建查询，运行该查询后生成一个新表，表名为 tTemp2，表结构为"学号""姓名""年龄"和"成绩"，表内容为学号前四位为"2001"的所有学生，所建查询名为 QX5。

实验十

涉及的知识点

使用设计视图创建选择查询、查询条件的使用、创建操作查询。

操作要求

（1）打开素材 sc291404010 文件夹中的数据库文件"房产.accdb"，里面已经设计好表对象"房产销售情况表""房源基本情况表""客户基本情况表"和"业务员基本情况表"。并按照以下要求完成操作：创建查询，在"客户基本情况表"中"民族"字段的值后面加上"族"，所建查询名为 QX1。

（2）创建查询，运行该查询后生成一个新表，表名为 tTemp1，表结构为"房源代码""详细地址""成本单价"和"成交单价"，表的内容为已销售房源的基本信息，所建查询名为 QX2。

（3）在表 tTemp1 基础上创建查询，计算每个销售房子的"成本单价"和"成交单价"之差。显示标题设置为"房源代码""差价"两个字段的内容，所建查询名为 QX3。

（4）创建查询，在"客户基本情况表"中"性别"字段的值后面加上"性"，所建查询名为 QX4。

（5）在表 tTemp1 基础上创建查询，删除成交单价小于 3 700 的记录，所建查询名为 QX5。

实验十一

涉及的知识点

使用设计视图创建选择查询、查询条件的使用、创建操作查询。

操作要求

（1）打开素材 sc291404011 文件夹中的数据库文件"房产.accdb"，里面已经设计好表对象"房产销售情况表""房源基本情况表""客户基本情况表"和"业务员基本情况表"。并按照以下要求完成操作：创建查询，查询在"客户基本情况表"中

"民族"字段的值为"汉"的客户信息，显示"客户代码""姓名"和"工作单位"3个字段的内容，所建查询名为 QX1。

（2）创建查询，查找女客户的房屋销售信息，显示"姓名""房源代码""详细地址"和"售出日期"4个字段的内容，所建查询名为 QX2。

（3）创建查询，运行该查询后生成一个新表，表名为 tTemp1，表结构为"房源代码""详细地址"和"总价"，总价为计算字段（总价=成交单价*总面积），表的内容为所有房源信息，所建查询名为 QX3。

（4）创建查询，在"客户基本情况表"中"民族"字段的值后面加上"族"，所建查询名为 QX4。

（5）创建追加查询，将未销售的房源信息追加到表 tTemp 的对应字段内，所建查询名为 QX5。

提示

（1）QX3 中的"总价"为计算字段，在字段行输入"总价:[成交单价]*[总面积]"。

（2）QX5 查询未销售的房源信息先设置"房产销售情况表"和"房源基本情况表"的联接属性为"包括'房源基本情况表'中的所有记录"和'房产销售情况表'中联接字段相等的那些记录。"，然后添加"售出日期"字段的条件为 Is Null。

实验十二

涉及的知识点

使用设计视图创建选择查询、查询条件的使用、创建操作查询。

操作要求

（1）打开素材 sc291404012 文件夹中的数据库文件"房产.accdb"，里面已经设计好表对象"房产销售情况表""房源基本情况表""客户基本情况表"和"业务员基本情况表"。并按照以下要求完成操作：创建查询，在"房源基本情况表"中"户型"字段的值后面加上"一卫"，所建查询名为 QX1。

（2）创建追加查询，将已销售的房源信息追加到表"tTemp"的对应字段内，所建查询名 QX2。

（3）创建查询，在"客户基本情况表"中"性别"字段的值后面加上"性"，所建查询名为 QX3。

（4）创建查询，修改"张心"客户的工作单位为"上海复旦大学"，所建查询名为 QX4。

（5）创建查询，运行该查询后生成一个新表，表名为 tTemp1，表结构为"客户代码""姓名"和"电话"，表的内容为所有女客户的相关信息，所建查询名为 QX5。

实验十三

涉及的知识点

使用设计视图创建选择查询、查询条件的使用、创建操作查询。

操作要求

（1）打开素材 sc291404013 文件夹中的数据库文件"房产.accdb"，里面已经设计好表对象"房产销售情况表""房源基本情况表""客户基本情况表"和"业务员基本情况表"。并按照以下要求完成操作：创建查询，修改房产销售信息，将"一次性"付款方式修改为"分期付款"，所建查询名为 QX1。

（2）创建查询，运行该查询后生成一个新表，表名为 tTemp1，表结构为"房源代码""售出日期""成交单价"和"详细地址"，表的内容为业务员"Y0001"销售的房屋信息，所建查询名为 QX2。

（3）创建查询，将客户基本情况表中的客户代码的第一个字母修改为"F"，所建查询名为 QX3。

（4）创建查询，修改"张芮芮"客户的工作单位为"上海复旦大学"，所建查询名为 QX4。

（5）创建查询，修改业务员的所属部门，全部修改为"销售部"，所建查询名为 QX5。

实验十四

涉及的知识点

使用设计视图创建选择查询、查询条件的使用、创建操作查询。

操作要求

（1）打开素材 sc291404014 文件夹中的数据库文件 samp4.accdb，里面已经设计好表对象 tA 和 tB。并按照以下要求完成操作：创建查询，修改顾客姓名为"王新"的性别字段值为"女"，所建查询名为 QX1。

（2）创建查询，运行该查询后生成一个新表，表名为 tTemp1，表结构与表 tB 相同，表的内容是 C 类房间的相关信息，所建查询名为 QX2。

（3）创建查询，修改房间类别为 A 的"价格"字段值为 300，所建查询名为 QX3。

（4）创建查询，修改张忠的民族为"回"族，所建查询名为 QX4。

（5）创建查询，修改房间电话号码前三位，将 800 改为 880，所建查询名为 QX5。

实验十五

涉及的知识点

使用设计视图创建选择查询、查询条件的使用、创建操作查询。

操作要求

（1）打开素材 sc291404015 文件夹中的数据库文件 samp4.accdb，里面已经设计好表对象 tA、tB 和 tTemp。并按照以下要求完成操作：创建查询，将房间价格提升 10%，所建查询名为 QX1。

（2）创建查询，运行该查询后生成一个新表，表名为 tTemp1，表结构与 tA 表相同，表的内容为房间号以 011 开头的顾客信息，所建查询名为 QX2。

（3）创建查询，修改房间类别为 B 的"价格"字段值为 250，所建查询名为 QX3。

（4）创建查询，修改张忠的名族为"回"族，所建查询名为 QX4。

（5）创建追加查询，将房间号是 021 开头的房间信息追加到表 tTemp 的对应字段内，所建查询名为 QX5。

实验十六

涉及的知识点

使用设计视图创建选择查询、查询条件的使用、创建操作查询。

操作要求

（1）打开素材 sc291404016 文件夹中的数据库文件 samp4.accdb，里面已经设计好表对象 tA、tB 和 tTemp。并按照以下要求完成操作：创建查询，将"房间类别"为 B 的价格都打八折，所建查询名为 QX1。

（2）创建查询，运行该查询后生成一个新表，表名为 tTemp1，表结构为"姓名""房间号""电话"和"入住日期"，表的内容为 6 月份入住客人的信息，所建查询名为 QX2。

（3）创建追加查询，将已有人入住的房间信息追加到表 tTemp 的对应字段内，所建查询名为 QX3。

（4）创建一个查询，查找"身份证"字段第 4 位至第 6 位值为 102 的记录，并显示"姓名""入住日期"和"价格"3 个字段的内容，所建查询命名为 QX4。

（5）创建一个查询，运行该查询后生成一个新表，表名为 tTemp2，表结构为"姓名""房间号""已住天数"和"应交金额"，能够在客人每次结账时统计其已住天数和应交金额，所建查询名为 QX5。注：已住天数为计算字段，客人结账日期为系统时间。应交金额=已住天数*价格。

提示

QX5 中的"已住天数"为计算字段，在字段行输入"已住天数: Date()-[入住日期]"。应交金额为计算字段，在字段行输入"应交金额:[已住天数]*[价格]"。

实验十七

涉及的知识点

使用设计视图创建选择查询、查询条件的使用、创建操作查询。

操作要求

（1）打开素材 sc291404017 文件夹中的数据库文件 samp4.accdb，里面已经设计好表对象 tA、tB 和 tTemp。并按照以下要求完成操作：创建一个查询，修改"张忠"入住的房间号为 02101，所建查询名为 QX1。

（2）创建一个查询，将 A 类的房间信息追加到表 tTemp 的对应字段内，所建查询命名为 QX2。

（3）创建查询，修改房间价格大于 300 的"价格"减少 40，所建查询名为 QX3。

（4）创建查询，修改房间类别为 B 的"价格"字段值为"250"，所建查询名为 QX4。

（5）创建查询，删除房间类别为 A 的房间信息，所建查询名为 QX5。

实验十八

涉及的知识点

使用设计视图创建选择查询、查询条件的使用、创建操作查询。

操作要求

（1）打开素材 sc291404018 文件夹中的数据库文件 samp3.accdb，里面已经设计好表对象 tScore、tStud、tCourse 和 tTemp。并按照以下要求完成操作：利用生成表查询，创建一个包含所有成绩小于 60 分的学生信息表，表名为 tTemp1，表结构为"学号""姓名"和"课程名"，所建查询名为 QX1。

（2）创建一个查询，统计并显示各门课程的平均成绩，运行该查询后生成一个新表，表名为 tTemp2，表结构为"课程名"和"平均成绩"，所建查询名为 QX2。

（3）创建更新查询，将"张军"的"党员否"字段的值修改为 TRUE，所建查询名为 QX3。

（4）创建一个查询，将小于 18 岁的男生的成绩信息追加到 tTemp 表中，所建查询名为 QX4。

（5）创建查询，删除"入校时间"为 2005/01/01 之后的学生信息，所建查询名为 QX5。

提示

QX5 要实现删除操作，需编辑 tStud 表与 tScore 表之间的关系为"级联删除相关记录"。

实验十九

涉及的知识点

使用设计视图创建选择查询、查询条件的使用、创建操作查询。

操作要求

（1）打开素材 sc291404019 文件夹中的数据库文件 samp5.accdb，里面已经设计好表对象 tSalary、tStaff、tTemp 和 tTemp1。并按照以下要求完成操作：创建查询，删除掉 tTemp 表中女职员的信息，所建查询名为 QX1。

（2）创建查询，将 tTemp 表中职务为"主管"的职员的职务修改为"经理助理"，所建查询名为 QX2。

（3）创建查询，将部门为 00004 的职员的信息追加到 tTemp1 表中。所建查询名为 QX3。

（4）创建查询，删除 tTemp 表中 20 岁以上的职员信息，所建查询名为 QX4。

（5）创建查询，运行该查询后生成一个新表，表名为 tTemp2，表结构为"姓名""性别""职务"和"聘用时间"，表的内容为所有超过 25 的女职员的信息，所建查询名为 QX5。

实验二十

涉及的知识点

使用设计视图创建选择查询、查询条件的使用、创建操作查询。

操作要求

（1）打开素材 sc291404020 文件夹中的数据库文件 samp5.accdb，里面已经设计好表对象 tSalary、tStaff、tTemp 和 tTemp1。并按照以下要求完成操作：创建查询，删除 20 岁以下的职员信息，所建查询名为 QX1。

（2）创建查询，将简历中"组织能力强"的员工的职务修改为"经理助理"，所建查询名为 QX2。

（3）创建查询，将 2005 年 12 月全部职员的工资信息，追加到 tTemp1 表中，所建查询名为 QX3。

（4）创建查询，将所有的男职员年龄加 1，所建查询名为 QX4。

（5）创建查询，运行该查询后生成一个新表，表名为 tTemp2，表结构为"姓名""性别""职务"和"聘用时间"，表的内容为具有"绘画"爱好职员的信息，所建查询名为 QX5。

实验二十一

涉及的知识点

使用设计视图创建选择查询、查询条件的使用、创建操作查询。

操作要求

（1）打开素材 sc291404021 文件夹中的数据库文件 samp6.accdb，里面已经设计好表对象 tDoctor、tOffice、tPatient 和 tSubscribe。并按照以下要求完成操作：创建查询，删除掉 2002 年的病人预约信息，所建查询名为 QX1。

（2）创建查询，将科室的房间号前面都加上 F，所建查询名为 QX2。

（3）创建查询，运行该查询后生成一个新表，表名为 tTemp1，表结构为"姓名""性别""年龄"和"电话"，表的内容为预约了 005 号科室的病人信息，所建查询名为 QX3。

（4）创建查询，将科室中"内科"的"房间号"修改为 F105，所建查询名为 QX4。

（5）创建查询，将医生中"职称"为"助理医师"的修改为"副主任医师"，所建查询名为 QX5。

实验二十二

涉及的知识点

使用设计视图创建选择查询、查询条件的使用、创建操作查询。

操作要求

（1）打开素材 sc291404022 文件夹中的数据库文件 samp6.accdb，里面已经设计好表对象 tDoctor、tOffice、tPatient 和 tSubscribe。并按照以下要求完成操作：创建查询，运行该查询后生成一个新表，表名为 tTemp1，表结构为"姓名""性别"
"年龄"和"电话"，表的内容为预约过"眼科"的病人信息，所建查询名为 QX1。

（2）创建查询，删除 tTemp1 表中女病人的信息，所建查询名为 QX2。

（3）创建查询， 将病人信息中的"地址"字段值中的"密云县"修改为"密云
区"。所建查询名为 QX3。

（4）创建查询，将病人"吴颂"的性别改为"女性"，所建查询名为 QX4。

（5）创建查询，删除医生"A006"的预约信息，所建查询名为 QX5。

实验二十三

涉及的知识点

使用设计视图创建选择查询、查询条件的使用、创建操作查询。

操作要求

（1）打开素材 sc291404023 文件夹中的数据库文件 samp6.accdb，里面已经设计好
表对象 tDoctor、tOffice、tPatient 和 tSubscribe。并按照以下要求完成操作：创建查询，
运行该查询后生成一个新表，表名为 tTemp1，表结构为"姓名"和"预约次数"，
表的内容为每个病人预约的次数，所建查询名为 QX1。

（2）创建查询，删除 tTemp1 表预约次数为 1 的信息，所建查询名为 QX2。

（3）创建查询，将病人信息中的"电话"字段值前面都加上"010-"，所建查询
名为 QX3。

（4）创建查询， 查询各科室的病人预约总数，运行该查询后生成一个新表，表
名为 tTemp2，表结构为"科室名称"和"预约人数"，所建查询名为 QX4。

（5）创建查询，将 tTemp2 表中预约人数小于 2 的信息删除，所建查询名为 QX5。

2.5 SQL 查询

实验一

涉及的知识点

使用设计视图创建选择查询、查询条件的使用、创建 SQL 查询。

操作要求

（1）打开素材 sc291405001 文件夹中的数据库文件 samp1.accdb，里面已经设计好
表对象 tScore、tStud 和 tCourse。并按照以下要求完成操作：创建 SQL 查询，查找成
绩低于所有课程总平均分的学生信息，并显示"姓名""课程名"和"成绩"3 个字
段的内容，所建查询名为 QX1。

（2）创建查询，查找非"04" 院系的选课学生信息，输出其"姓名""课程名"
和"成绩"3 个字段的内容，所建查询名为 QX2 。

（3）创建查询，将 tStud 表中年龄小于 20 岁的学生信息删除，所建查询名为
QX3。

（4）创建查询，删除"计算机文化基础"课程信息，所建查询名为QX4。

（5）创建SQL查询，查找与"李小红"在同一个院系的学生信息，并显示"姓名""学号""入校时间"和"简历"4个字段的内容，所建查询名为QX5。

提示

（1）QX1为SQL查询，查找成绩低于所有课程总平均分的学生信息，需要在"成绩"字段的"条件"行添加条件"<(SELECT Avg([成绩]) from [tScore])"。

（2）QX5为SQL查询，查找与"李小红"在同一个院系的学生信息，需要在"所属院系"字段的"条件"行添加条件"SELECT 所属院系 from [tStud] where 姓名="李小红""。

实验二

涉及的知识点

使用设计视图创建选择查询、查询条件的使用、创建SQL查询。

操作要求

（1）打开素材 sc291405002 文件夹中的数据库文件 samp1.accdb，里面已经设计好表对象 tScore、tStud 和 tCourse。并按照以下要求完成操作：创建查询，查询选修了课程名为"计算机文化基础"的学生"学号"和"姓名"，所建查询名为QX1。

（2）创建查询，删除姓"张"的同学的成绩，所建查询名为QX2。

（3）创建SQL查询，删除没有学生选过的课程信息，所建SQL查询名为QX3。

（4）创建SQL查询，查询其他系中比03系中某一学生年龄小的学生"姓名"和"年龄"，运行查询时显示提示信息："请输入姓名"，所建查询名为QX4。

（5）创建查询，没有先修课程的学生成绩都加10分，所建查询名为QX5。

提示

（1）QX3为SQL查询，查找没有学生选过的课程信息，需要在"课程号"字段的"条件"行添加条件"Not In (SELECT 课程号 from [tScore])"。

（2）QX4为SQL查询，查找其他系中比"03"系中某一学生年龄小的学生信息，需要在"年龄"字段的"条件"行添加条件"<(SELECT 年龄 from [tStud] where 姓名=[请输入姓名] and 所属院系="03")"，并且在"所属院系"字段的"条件"行添加条件"<>"03""。

实验三

涉及的知识点

使用设计视图创建选择查询、查询条件的使用、创建SQL查询。

操作要求

（1）打开素材 sc291405003 文件夹中的数据库文件 samp1.accdb，里面已经设计好表对象 tScore、tStud 和 tCourse。并按照以下要求完成操作：创建查询，检索选修了课程号为 s0102 课程的学生"学号"和"姓名",所建查询名为 QX1。

（2）创建 SQL 查询,查询其他系中比 04 系所有学生年龄都小的学生"姓名"及"年龄",所建查询名为 QX2。

（3）创建查询,查询所有学分低于 3 的课程信息,所建查询名为 QX3。

（4）创建查询,将所有学习课程的学生成绩都减 5 分,所建查询名为 QX4。

（5）创建查询,查询所有男生所选课程信息,显示 tCourse 表中所有字段,所建查询名为 QX5。

 提示

QX2 为 SQL 查询,查询其他系中比 04 系所有学生年龄都小的学生信息,需要在"年龄"字段的"条件"行添加条件"<(SELECT Min(年龄) from [tStud] where 所属院系="04")",并且在"所属院系"字段的"条件"行添加条件"<>"04""。

实验四

涉及的知识点

使用设计视图创建选择查询、查询条件的使用、创建 SQL 查询。

操作要求

（1）打开素材 sc291405004 文件夹中的数据库文件"房产.accdb",里面已经设计好表对象"房产销售情况表""房源基本情况表""客户基本情况表"和"业务员基本情况表"。并按照以下要求完成操作:创建 SQL 查询,在"房源基本情况表"中删除已销售的房屋信息,所建查询名为 QX1。

（2）创建 SQL 查询,在"业务员基本情况表"中删除没有销售业绩的业务员信息。所建查询名为 QX2。

（3）创建查询,检索总面积低于 100 的房源信息。所建查询名为 QX3。

（4）创建 SQL 查询,将表对象"房源基本情况表"中低于平均成本单价（不含平均成本单价）的"备注"字段值设置为"较低",所建查询名为 QX4。

（5）创建查询,检索民族为"回民"的客户信息,显示"客户基本情况表"中所有字段,所建查询名为 QX5。

提示

（1）QX1 为 SQL 查询,在"房源基本情况表"中删除已销售的房屋信息,需要在"房源代码"字段的"条件"行添加条件"In (SELECT 房源代码 from [房产销售情况表])"。

（2）QX2 为 SQL 查询,在"业务员基本情况表"中删除没有销售业绩的业务员信息,需要在"业务员代码"字段的"条件"行添加条件"Not In (select 业务员代码 from [房产销售情况表])"。

（3）QX4 为 SQL 查询,查询"房源基本情况表"中低于平均成本单价（不含平均成本单价）的房源信息,需要在"成本单价"字段的"条件"行添加条件"<(select Avg(成本单价) from [房源基本情况表])"。

实验五

 涉及的知识点

使用设计视图创建选择查询、查询条件的使用、创建 SQL 查询。

 操作要求

（1）打开素材 sc291405005 文件夹中的数据库文件"房产.accdb"，里面已经设计好表对象"房产销售情况表""房源基本情况表""客户基本情况表"和"业务员基本情况表"。并按照以下要求完成操作：创建 SQL 查询，查询没有销售过房屋的业务员"姓名"和"性别"信息，所建查询名为 QX1。

（2）创建查询，将"房型"为"两室一厅"的房源按"总面积"降序排序，显示"房源基本情况表"中的所有字段，所建查询名为 QX2。

（3）创建查询，检索总面积高于 100 的房源信息。所建查询名为 QX3。

（4）创建查询，检索"房产销售情况表"中"分期付款"的房源信息，显示"房产销售情况表"中所有字段，所建查询名为 QX4。

（5）创建查询，将业务员"孙伟"的所属部门改为"销售三部门"，所建查询名为 QX5。

 提示

QX1 为 SQL 查询，查询没有销售过房屋的业务员"姓名"和"性别"信息，需要在"业务员代码"字段的"条件"行添加条件"Not In (select 业务员代码 from [房产销售情况表])"。

2.6 综 合 练 习

实验一

 操作要求

（1）打开素材 sc291406009 文件夹中的数据库文件"房产.accdb"，里面已经设计好表对象"房产销售情况表""房源基本情况表""客户基本情况表"和"业务员基本情况表"。并按照以下要求完成操作：创建查询，统计"成本单价"在 2 300 以下（不包含 2 300）的房源信息，显示"户型""总面积""成本单价"和"详细地址"4 个字段的内容，所建查询名为 QX1。

（2）创建查询，查找没有销售业绩的销售员信息，显示"业务员代码""姓名"和"所属部门"3 个字段的内容，所建查询名为 QX2。

（3）创建查询，根据"所属部门"查找员工及其销售信息，显示"业务员""房源代码"和"售出日期"3 个字段的内容，"业务员"字段为"业务员基本情况表"中"业务员代码"与"姓名"字段合并的结果（如业务员代码为"Y0001"，姓名为"秦华"的数据输出形式为"Y0001 秦华"），所建查询名为 QX3，当运行该查询时，应显示参数提示信息"请输入员工所属部门"。

（4）创建查询，统计五月份售出的不同付款方式下各户型销售的房屋总数，行标题设置为"付款方式",列标题设置为"户型",所建查询名为 QX4。

（5）创建查询，运行该查询后生成一个新表，表名为 tTemp，表的内容为已销售房源的基本信息，表结构为"房源代码""详细地址""成本单价"和"成交单价"，所建查询名为 QX5。

实验二

 操作要求

（1）打开素材 sc291406010 文件夹中的数据库文件 samp1.accdb，里面已经设计好表对象 tGrade、tStudent、tCourse 和 tTemp。并按照以下要求完成操作：创建查询，查找姓"张"的女学生的基本信息，显示"学号""姓名""年龄"和"入校时间"信息，所建查询名为 QX1。

（2）创建查询，计算每个学生的平均成绩，并按平均成绩降序显示"姓名""所属院系"和"平均成绩"3 个字段的内容，所建查询名为 QX2。

（3）创建查询，根据入校月份查找学生的情况，显示"学号""姓名"两个字段的内容，所建查询名为 QX3，当运行该查询时，应显示参数提示信息"请输入入校月份"。

（4）创建查询，统计每个院系成绩优秀的男女生人数，行标题设置为"所属院系"，列标题设置为"性别"，成绩在 90 分以上（包括 90 分）为优秀，所建查询名为 QX4。

（5）创建追加查询，将表对象 tStud 中的"学号""姓名""性别"和"年龄"4个字段的内容追加到目标表 tTemp 对应的字段内，所建查询名为 QX5，并运行该查询，注意"姓名"字段的第一个字符为姓，后面剩余字符为名。

实验三

 操作要求

（1）打开素材 sc291406011 文件夹中的数据库文件 samp2.accdb，里面已经设计好表对象 tBand 和 tLline。并按照以下要求完成操作：创建查询，查找线路名中含有"海"的路线信息，并按照"费用"升序显示"线路 ID""线路名"和"费用"3 个字段内容，所建查询名为 QX1。

（2）创建查询，统计每个导游带的团队数，显示标题为"导游姓名""团队数"，"团队数"值由"团队 ID"字段统计得到，所建查询名为 QX2。

（3）创建查询，按某段费用查找旅游线路信息，显示"线路名""天数"和"费用"3 个字段的内容，当运行该查询时，应显示参数提示信息"请输入最低费用"和"请输入最高费用"，所建查询名为 QX3。

（4）创建查询，查找每个月出发的每个导游带的线路数，行标题设置为"出发月份"，列标题设置为"导游姓名"，"出发月份"值由"出发时间"计算得到，所建查询名为 QX4。

（5）创建查询，将表 tTemp 中姓"王"的导游带的旅游团记录删除，所建查询名为 QX5。

实验四

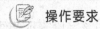 **操作要求**

（1）打开素材 sc291406012 文件夹中的数据库文件 samp1.accdb，里面已经设计好表对象 tGrade、tStudent、tCourse 和 tTemp。并按照以下要求完成操作：创建查询，查找生日在上半年的学生的基本信息，显示"学号""出生日期"和"毕业学校"信息，所建查询名为 QX1。

（2）创建查询，查找没有选课的学生的基本信息，显示"学号""政治面貌"和"毕业学校"信息，所建查询名为 QX2。

（3）创建查询，按姓氏查找学生信息，显示"姓名""课程编号"和"成绩"3个字段的内容，所建查询名为 QX3。当运行该查询时，应显示参数提示信息"请输入姓氏"。

（4）创建查询，要求能显示各门课程男女生不及格人数，行标题设置为"性别"，列标题设置为"课程名"，所建查询名为 QX4。

（5）创建查询，将表 tCourse 中"学分"字段记录值为 3 的记录的学分都修改为 2，所建查询名为 QX5。

实验五

操作要求

（1）打开素材 sc291406013 文件夹中的数据库文件"房产.accdb"，里面已经设计好表对象"房产销售情况表""房源基本情况表""客户基本情况表"和"业务员基本情况表"。并按照以下要求完成操作：创建查询，统计相同户型的房屋的平均成交单价，显示标题为"户型"和"平均成交单价"字段，"平均成交单价"值由"成交单价"统计得到，所建查询名为 QX1。

（2）创建查询，查找没有销售业绩的销售员信息，显示"姓名""所属部门"两个字段的内容，所建查询名为 QX2。

（3）创建查询，根据"性别"和"民族"查找客户信息，显示"姓名""工作单位"和"电话"3个字段的内容，所建查询名为 QX3，当运行该查询时，应显示参数提示信息"请输入性别"和"请输入民族"。

（4）创建查询，统计各部门销售的各种户型"一次性"付款的房屋数量，行标题设置为"所属部门"，列标题设置为"户型"，所建查询名为 QX4。

（5）创建查询，运行该查询后生成一个新表，表名为 tTemp，表结构为"客户代码""姓名"和"电话"，表的内容为所有女客户的相关信息，所建查询名为 QX5。

2.7 总结与分析

常见题型

（1）选择查询。注意条件的表示，尤其是注意涉及"时间/日期"型的字段。如通过"入校时间"字段查找 2017 年入校的学生：year([入校时间])=2017，也可以表示为：between #2017–01–01# and #2017–12–31#。

当多表查询时，如果两张表中有相同字段，并且我们需要利用该字段表示条件或自定义字段时，则需在该字段前指定表名。如学生基本情况表和选课表中都有"学号"字段，而当我们需要引用"学号"字段时，不能直接使用"[学号]"，系统会出错，必须定位到表。例如"[学生基本情况表]![学号]"，举例说明：

年级:left([学生基本情况表]![学号],4)

（2）自定义字段。

自定义字段的书写规则：自定义字段名:该字段的数据来源。

例如，将"编号"和"姓名"字段合二为一，标题为"编号姓名"：

编号姓名: [编号]&[姓名] 或 编号姓名:[编号]+[姓名]

又如，应发工资由"工资"和"水电房租费"计算得到，计算公式为：应发工资=工资–水电房租费：

应发工资:[工资]–[水电房租费]

再如，年级从学号的前四位获得：

年级:left([学号],4)

再如，计算并输出教师最大年龄与最小年龄的差值，显示标题为 m_age：

m_age: max([年龄]) –min([年龄])

将姓名字段拆分为姓和名。其中姓为姓名字段的第一个字符，余下的为名：

姓:left([姓名],1)

名:mid([姓名],2)

（3）参数查询：在"条件"单元格中，在方括号内输入相应的提示。强调方括号。

① 例如，显示参数提示信息"请输入爱好"，输入爱好后，在简历字段查找具有指定爱好的记录。

在"简历"字段的"条件"中输入：like *&[请输入爱好：]&*；

注意这里使用"参数查询"来获得指定爱好，并使用了连接符（&）进行连接。

② 同类型题，在简历字段查找没有绘画爱好的记录。

Not Like "*绘画*" //此为选择查询，而非参数查询

③ 特殊参数查询：参数值引用窗体 fTemp 上文本框控件 tAge 的值。

在相应字段的"条件"中输入：[forms]![fTemp]![tAge].[text]。

（4）追加查询：先做选择查询，再更改查询类型为"追加查询"。

注意：若源表结构和目标表结构不一致，那么做"选择查询"时只选取目标表中的字段，和追加字段一一对应。

（5）更新查询：打开查询设计视图，添加被更新的表，更改查询类型为"更新查询"，按照题意，仅添加需被更新的字段，并设置"更新到"。如果有条件更新，则还需要添加表示条件的字段，并设置"条件"。

（6）交叉表查询：行标题、列标题以及值的设定。掌握直接用设计视图创建交叉表。

（7）删除查询：打开查询的设计视图，添加被删除记录的表，更改查询类型为"删除查询"，添加作为删除条件的字段，并设置删除条件。

若题目要求将表中满足***条件的记录删除，则需使用删除查询，而不是在表中逐条删除。

（8）生成表查询：先做选择查询，再更改查询类型为"生成表查询"，设置新表名称。

若题目要求将表 A 拆分成表 B 和表 C，需使用"生成表查询"完成。

注意：

① 对于多表查询，一定要看清题目，尽量少地选择完成题目所需要的表。不需要的表，一定不要选择，否则结果容易出错。题目中未让显示的字段，也不要显示。

② 选择条件的表示。对于"是/否"类型的字段，表示"是"的取值有 true、yes、on，同理，表示"否"的取值有 false、no、off，任取一即可。

③ 注意自定义字段的书写规则：冒号为英文状态下的符号；字段连接符有+和&；自定义字段时不要有等号，一律用冒号；Access 不能识别百分号（%），故使用时，需转换为相应的小数，如10%即 0.1。

④ 灵活掌握"总计"字段的使用："分组/Group by""计数/Count""条件/where""求和/sum"和"平均值/Avg"。

⑤ 求某字段平均值时，有时要求设置格式，将光标放在字段的"条件"栏，右击选择"属性"命令，"常规"选项卡"格式"中填入"固定"，再设置小数位数。

⑥ 对于查看"更新查询""删除查询""追加查询"和"生成表查询"等操作查询的结果，需返回表对象去观察表中数据。

第3章

创建和设计窗体

本章主要涉及的内容是窗体的创建和操作，包括 25 个操作题。窗体主要实现用户和数据库应用系统的交互。通过窗体可以将数据库中的对象组织起来，提供一个具有良好界面的应用系统操作界面，使用户通过窗体来对数据进行查找、新建、编辑和删除。

主要知识点

1．简单窗体的创建

（1）使用向导创建窗体。

（2）使用其他窗体创建窗体。

（3）使用设计器创建窗体。

2．窗体的设计与修饰

（1）控件的含义及种类。

（2）在窗体中添加和修改控件。

（3）设置控件的常见属性。

3.1 简单窗体的创建

实验一

涉及的知识点

数据透视表窗体。

操作要求

（1）打开素材文件夹 sc291501001 中的数据库文件 samp.accdb，使用"学生"表的数据创建数据透视表窗体，统计各系别中各民族的男女学生人数。其中，"系别"和"性别"为行字段、"民族"字段为列字段。

（2）隐藏学生的详细信息。

（3）取消"民族"字段和"性别"字段的汇总信息，显示结果如图 3-1 所示。

（4）将窗体命名为"学生"。

学生
将筛选字段拖至此处

系号 ▼	性别 ▼	藏 学号	的计数	汉 学号	的计数	回 学号	的计数	满 学号	的计数	蒙古 学号	的计数
13	男				1						
	女				1						
15	男				2						
	女				3		1				
4	女		1		1						1
5	女										1
7	男		1		2				1		
	女								1		
总计			2		9		2		2		2

图 3-1　实验一数据透视表

✍ **提示**

第 1 小题：单击"学生"表，单击"创建"选项卡"窗体"组中的"其他窗体"下拉列表中的"数据透视表"按钮，创建图 3-2 所示的数据透视表窗体。

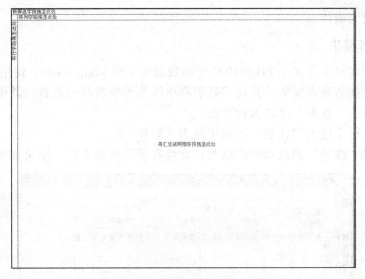

将行字段拖至此处

将列字段拖至此处

将汇总或明细字段拖至此处

图 3-2　数据透视表窗体的创建

单击"设计"选项卡"显示/隐藏"组中的"字段列表"按钮，弹出"数据透视表字段列表"窗格，如图 3-3 所示。

根据题目要求，分别将"系号"和"性别"字段拖动到"行字段"处、"民族"字段拖动到"列字段"处、"学号"字段拖动到"汇总或明细字段"处。

单击"汇总或明细字段"处的"学号"字段，将其"自动计算"方式设置为"计数"。

第 2 小题：单击"显示/隐藏"组中的"隐藏详细信息"按钮即可。

第 3 小题：选择"行字段"处的"性别"字段，单击"工具"组中的"小计"按钮；选择"列字段"处的"民族"字段，单击"工具"组中的"小计"按钮。

图 3-3　数据透视表字段列表

实验二

涉及的知识点

数据透视表窗体。

操作要求

（1）打开素材文件夹 sc291501002 中的数据库文件 samp.accdb，使用"教师"表的数据创建数据透视表窗体，筛选出各职称中汉族男女教师的人数。其中，"职称"字段为列字段、"性别"字段为行字段。

（2）设置行字段为"性别"，列字段为"职称"。

（3）要求"性别"列显示的信息为：女性在前，男性在后，结果如图 3-4 所示。

图 3-4　实验二数据透视表

（4）将窗体命名为"教师"。

实验三

涉及的知识点

数据透视图窗体。

操作要求

（1）打开素材文件夹 sc291501003 中的数据库文件 samp.accdb，使用"教师"表的数据创建数据透视图窗体，显示具有教授或副教授职称的少数民族教师的学历情况。其中，"职称"字段设置为数据字段和系列字段、"学历"字段设置为分类字段、"民族"字段设置为筛选字段。

（2）将窗体命名为"教师"，并显示图例。

（3）修改纵坐标轴标题为"职称计数"、横坐标轴标题为"学历"。

（4）修改图表的类型为堆积柱形图，结果如图 3-5 所示。

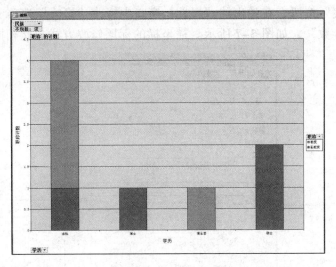

图 3-5 实验三数据透视图

提示

第 1 小题：单击表"教师"，单击"创建"选项卡"窗体"组中的"其他窗体"下拉列表中的"数据透视图"按钮，创建图 3-6 所示的窗体。

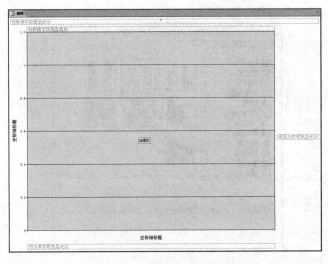

图 3-6 数据透视图窗体的创建

单击"设计"选项卡"显示/隐藏"组中的"字段列表"按钮，弹出"图表字段列表"窗格。

如图 3-5 所示，分别将"职称"拖动到"数据字段"以及"系列字段"处、"学历"拖动到"分类字段"处、"民族"拖动到"筛选字段"处。

单击"系列字段"处的"职称"下拉按钮，去除"讲师"和"助教"的勾选项。单击"筛选字段"处的"民族"下拉按钮，去除"汉"的勾选项。

第 2 小题：单击"设计"选项卡"显示/隐藏"组中的"图例"按钮即可。

第 3 小题：选择"图表区"纵坐标位置上的"坐标轴标题"，然后单击"工具"组中的"属性表"按钮，在弹出的"属性"窗口中修改"格式"选项卡下的"标题"信息为"职称计数"，如图 3-7 所示。横坐标的标题修改方式与此相同。

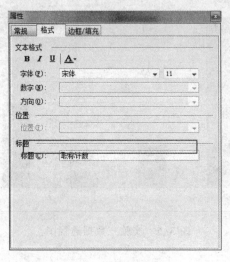

图 3-7　"属性"窗口

第 4 小题：单击"设计"选项卡"类型"组中的"更改图表类型"按钮，选择图 3-8 所示的柱形图。

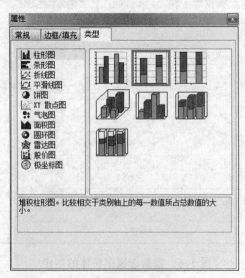

图 3-8　更改图表类型

实验四

 涉及的知识点

数据透视图窗体。

操作要求

（1）打开素材文件夹 sc291501004 中的数据库文件 samp.accdb，使用"学生"表的数据创建数据透视图窗体，要求显示各民族学生的性别情况。其中，"民族"字段设置为数据字段和系列字段、"性别"字段设置为分类字段。

（2）设置图表工作区的背景为"花束"纹理，绘图区的背景图案为"深色竖线"。

（3）在图表的下方显示图例，并设置"藏"族学生的柱形图颜色为黄色，纵坐标的最大刻度值为 8，结果如图 3-9 所示。

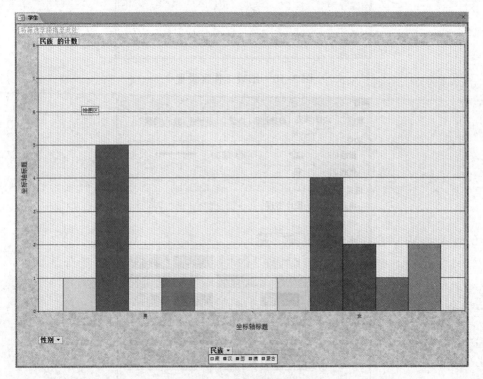

图 3-9　实验四数据透视图

（4）将窗体命名为"学生"。

 提示

第 2 小题：单击"工具"组中的"属性表"按钮，在弹出的"属性"窗口中选择"图表工作区"，如图 3-10 所示；然后切换到"边框/填充"选项卡，修改"填充类型"为"图片/纹理"，并从"预设"纹理中选出"花束"纹理，如图 3-11 所示。

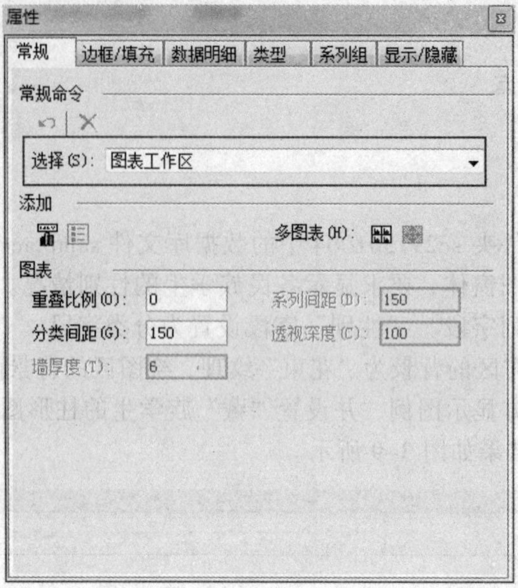

图 3-10　图表工作区设置

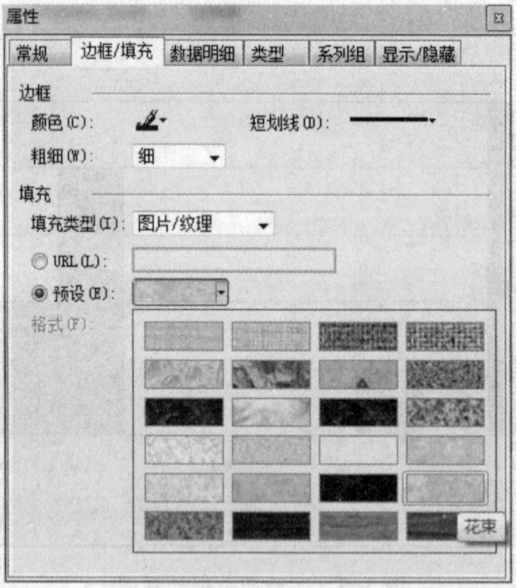

图 3-11　纹理设置

　　单击"工具"组中的"属性表"按钮，在弹出的"属性"窗口中选择"绘图区"，然后切换到"边框/填充"选项卡，修改"填充类型"为"图案"，并从"图案"中选出"深色竖线"，如图 3-12 所示。

　　第 3 小题：单击"工具"组中的"属性表"按钮，在弹出的"属性"窗口中选择"图例"，然后切换到"格式"选项卡，修改"位置"为"下"。

　　单击"工具"组中的"属性表"按钮，在弹出的"属性"窗口中选择"藏"，然后切换到"边框/填充"选项卡，修改"颜色"为"黄色"。

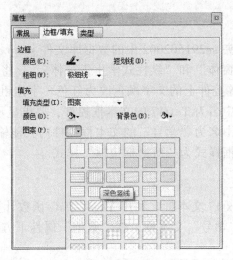

图 3-12　绘图区图案设置

单击"工具"组中的"属性表"按钮，在弹出的"属性"窗口中选择"数值轴 1"，然后切换到"刻度"选项卡，勾选"自定义最大值"复选框，并设置为"8"。

3.2　窗体的设计与修饰

实验一

涉及的知识点

窗体属性的设置、标签控件、计算控件的使用。

操作要求

（1）打开素材文件夹 sc291502001 中的数据库文件 samp3.accdb，其中存在已经设计好的窗体对象 fTest 及宏对象 m1。在窗体的窗体页眉节区添加一个标签控件，名称为 bTitle，标题为"计算平方差"。

（2）设置名称为 bTitle 的控件左边距为 1 cm，上边距为 0.5 cm。

（3）将窗体边框样式设置为"细边框"样式，显示窗体中的水平和垂直滚动条、记录选定器、导航按钮。

（4）窗体内有 3 个文本框，要求在前两个文本框中随机输入数值，就会在第三个文本框中显示两个数的平方差。

提示

第 4 小题：将 3 个文本框的"格式"属性设置为"常规数字"，然后选中 Text29 文本框，在"数据"属性下方的"控件来源"处输入"=[Text25]*[Text25]–[Text27]*[Text27]"即可。

实验二

涉及的知识点

标签控件、计算控件的使用、输入掩码。

操作要求

（1）打开素材文件夹 sc291502002 中的数据库文件 samp.accdb，其中存在已经创建的窗体对象"教师表窗体"和"纵栏式学生表窗体"。 将"纵栏式学生表窗体"中名称为 Label16 的标签控件上的文字颜色改为红色、字体粗细改为"加粗"。

（2）修改主体节区中名为 Text17 的文本框控件，要求显示"年龄"字段值。

（3）要求主体节区中名为"学号"的文本框控件内只能输入 8 位数字。

（4）设置窗体的边框样式为"对话框边框"样式。

提示

第 2 小题：选中 Text17 文本框，利用 Year、Date 函数计算。

第 3 小题：选中"学号"文本框，在"数据"属性下方的"输入掩码"处输入 00000000 即可。

实验三

涉及的知识点

窗体记录源、选项组控件的创建、标签控件的使用。

操作要求

（1）打开素材文件夹 sc291502003 中的数据库文件 samp.accdb，其中存在已经创建的窗体对象"教师表窗体"和"纵栏式学生表窗体"。设置"教师表窗体"的记录源，要求来源于"教师"表中的"教师编号""姓名""性别""学历"和"参加工作日期"字段。

（2）如图 3-13 所示，使用控件向导在主体节区内添加一个选项组，用于表示"职称"字段，字段内容为"助教""讲师""副教授"和"教授"，且默认选项为"讲师"，控件类型为"切换按钮"，控件样式为"阴影"，选项组标题为"职称"。

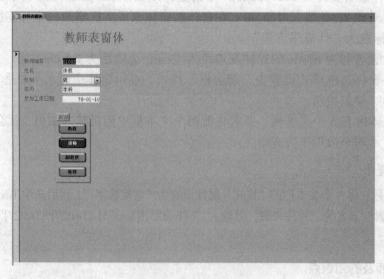

图 3-13　选项组控件

（3）将选项组的标签控件设置成斜体、"凸起"的特殊效果。

（4）设置窗体无垂直和水平滚动条。

提示

第1小题：选择"窗体"对象，单击"数据"属性下方"记录源"输入框右侧的⋯按钮，在弹出的"查询生成器"中选择出"教师"表中的"教师编号""姓名""性别""学历"和"参加工作日期"字段。

第2小题：使用"选项组控件"在主体节区单击，在弹出的"选项组向导"对话框中依次输入字段内容："助教""讲师""副教授"和"教授"，如图3-14所示。如果没有弹出向导窗口，请单击图3-15中的"使用控件向导"控件。

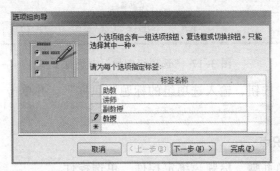

图 3-14　选项组向导步骤一

图 3-15　单击"使用控件向导"按钮

单击"下一步"按钮后，在弹出的"选项组向导"对话框中更改默认选项为"讲师"，如图3-16所示。

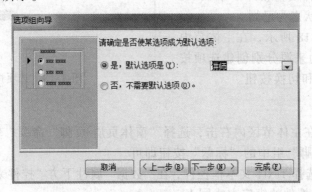

图 3-16　"选项组向导"对话框1

单击"下一步"按钮，保持默认选项。

单击"下一步"按钮，更改控件类型为"切换按钮"，控件样式为"阴影"，如图 3-17 所示。

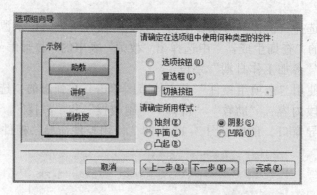

图 3-17 "选项组向导"对话框 2

单击"下一步"按钮，输入选项组的标题"职称"，并单击"完成"按钮。

实验四

涉及的知识点

添加窗体页眉和页脚、标题、绑定控件、单选控件。

操作要求

（1）打开素材文件夹 sc291502004 中的数据库文件 samp.accdb，其中存在已经创建的窗体对象 teacher 和"纵栏式学生表窗体"。在窗体对象 teacher 中添加窗体页眉和窗体页脚节区，并利用"标题"按钮在窗体页眉节区内添加默认标题。

（2）为主体节区内名为 Text1 和 Text3 的文本框控件分别绑定"教师编号"和"姓名"字段。

（3）在"教师"表中添加"婚否"字段（是否型），并设置教师编号 01002 和 03001 的婚否状态为已婚。

（4）如图 3-18 所示，在主体节内以"婚否"字段为来源分别创建选项按钮、复选框按钮和切换按钮。

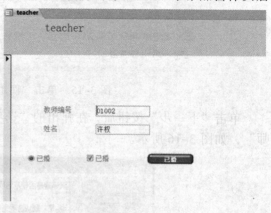

图 3-18 选项按钮

提示

第 1 小题：在主体节区内右击，选择"窗体页眉/页脚"命令，然后单击"设计"选项卡"页眉/页脚"组中的"标题"按钮即可。

第 2 小题：选择 Text1 文本框控件，在"数据"属性下方"控件来源"处选择"教师编号"；Text3 控件的绑定方式同上。

第 4 小题：分别使用选项按钮、复选框按钮和切换按钮控件在主体节区添加控件，然后分别使用"数据"属性下方"控件来源"绑定"婚否"字段。注意：选项按钮、复选框按钮和切换按钮只能绑定是否型数据。

实验五

涉及的知识点

更改控件类型、创建组合框控件、创建列表控件、对齐控件。

操作要求

（1）打开素材文件夹 sc291502005 中的数据库文件 samp.accdb，其中存在已经创建的窗体对象"纵栏式学生表窗体"。修改主体节区的"性别"文本框控件为组合框。

（2）如图 3-19 所示，使用控件向导在主体节区中创建组合框，要求组合框内显示"籍贯"字段中的所有字段值，其余设置均为默认值，并且不允许编辑值列表。

（3）将"籍贯_标签"控件的左边与"照片_Label"控件对齐。

（4）如图 3-19 所示，使用控件向导在主体节区中创建列表框，要求列表框内显示"党员""团员"和"群众"的学生"政治面貌"信息，且设置为"锁定"及"不可用"状态。

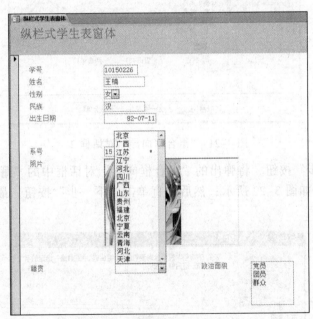

图 3-19　列表框和组合框控件

提示

第 1 小题：选中主体节区的"性别"文本框控件，右击，选择"更改为"→"组合框"命令。

第 2 小题：使用"组合框控件"在主体节区单击，在弹出的"组合框向导"对话框中选择第一个单选按钮，如图 3-20 所示。

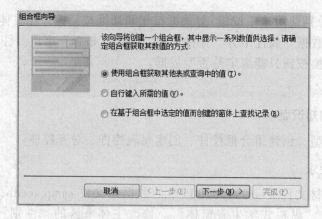

图 3-20 "组合框向导"对话框 1

单击"下一步"按钮，在弹出的"组合框向导"对话框 1 中选择"表：学生"作为数据来源，如图 3-21 所示。

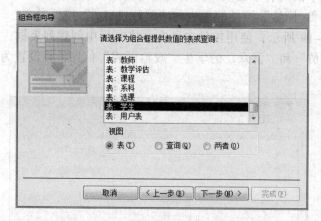

图 3-21 "组合框向导"对话框 2

单击"下一步"按钮，将弹出的"组合框向导"对话框中的"籍贯"字段添加到"选定字段"中，如图 3-22 所示；然后一直单击"下一步"按钮，最后单击"完成"按钮即可。

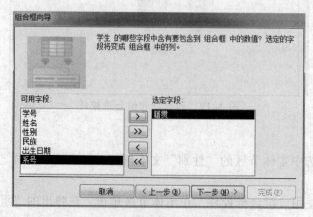

图 3-22 "组合框向导"对话框 3

完成创建后，选择创建的组合框控件，在"数据"属性下方"允许编辑值列表"处选择"否"。

第 3 小题：同时选中"籍贯_标签"控件和"照片_Label"控件，单击"排列"选项卡"调整大小和排序"组中的"对齐"下拉按钮，选择"靠左"。

第 4 小题：使用"列表框控件"在主体节区内单击，在弹出的"列表框向导"对话框中选择第二个选项。

单击"下一步"按钮，依次输入"党员""团员"和"群众"，然后单击"完成"按钮，如图 3-23 所示。

完成创建后，选择创建的列表框控件，在"数据"属性下方"可用"处选择"否"，"是否锁定"处选择"是"。

最后，修改组合框标签的标题为"政治面貌"。

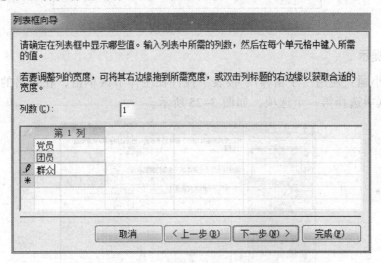

图 3-23 "列表框向导"对话框

实验六

涉及的知识点

子窗体、标签控件、组合框控件、命令按钮的创建。

操作要求

（1）打开素材文件夹 sc291502006 中的数据库文件 samp.accdb，其中存在已经创建的窗体对象"纵栏式学生表窗体"。在窗体中创建"选课表"子窗体。

（2）将窗体页眉节区的 Label16 控件标题修改为"请输入要查询的学生姓名："。

（3）在"Label16"控件右面创建组合框，要求根据用户在组合框内输入的学生姓名或从下拉列表中选择的学生姓名查找出窗体中的学生信息，并删除组合框标签。

（4）在主体节区中添加"记录导航"类型中的"转至前一项记录""转至下一项记录"命令按钮，按钮图标如图 3-24 所示。

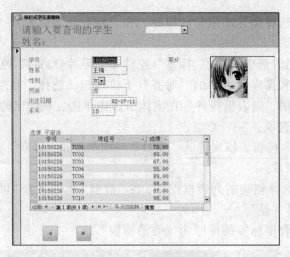

图 3-24 导航按钮

✎ 提示

第 1 小题：使用"子窗体/子报表"控件在主体节区单击，在弹出的"子窗体向导"对话框中选择第一个选项，如图 3-25 所示。

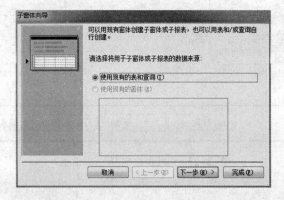

图 3-25 "子窗体向导"对话框 1

单击"下一步"按钮，选择"选课"表，并将所有字段添加到"选定字段"中，如图 3-26 所示，然后单击"完成"按钮。

图 3-26 "子窗体向导"对话框 2

第 3 小题：使用"组合框"控件在主体节区单击，在弹出的"组合框向导"中选择第三个选项，如图 3-27 所示。

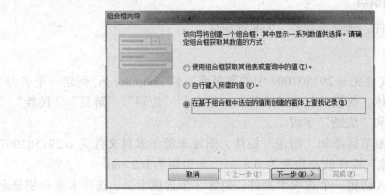

图 3-27 "组合框向导"对话框 1

单击"下一步"按钮，将"姓名"字段添加到"选定字段"，如图 3-28 所示，然后一直单击"下一步"按钮，最后单击"完成"按钮。

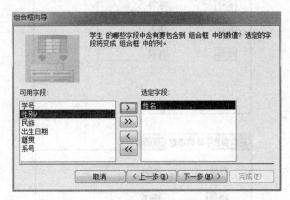

图 3-28 "组合框向导"对话框 2

第 4 小题：使用"按钮"控件在主体节区单击，在弹出的"命令按钮向导"对话框中选择"记录导航"，然后选择"转至前一项记录"，最后单击"完成"按钮，如图 3-29 所示。"转至后一项记录"按钮的创建方式同上，但需要修改按钮图标为"箭头"。

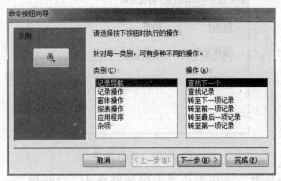

图 3-29 "命令按钮向导"对话框

实验七

涉及的知识点

查询、图像控件、选项卡控件、Tab 键顺序。

操作要求

（1）打开素材文件夹 sc291502007 中的数据库文件 samp.accdb，创建一个名为"学生信息"的空白窗体，数据源包含"学号""姓名""性别""籍贯""民族""照片""课程名称"和"成绩"字段。

（2）在窗体页眉节区添加"图像"控件，图像来源于素材文件夹 sc291502007 下的 test.bmp。"图像"控件的左边距为 0.8 cm，上边距为 0.2 cm。

（3）在主体节区创建一个选项卡控件。包含 3 个选项卡页，选项卡页分别显示学生基本信息、其他信息和课程信息，每页具体显示内容如图 3-30 所示。

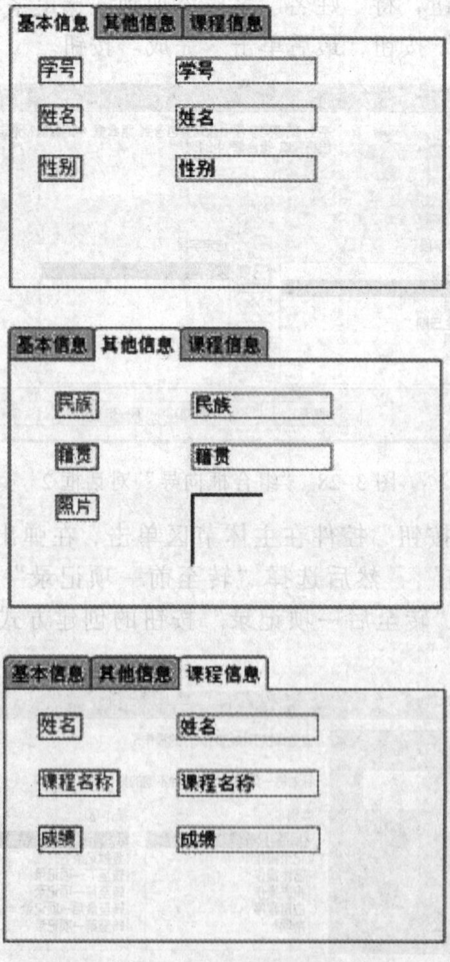

图 3-30　多页窗体

（4）修改"其他信息"选项卡内 Tab 键的顺序为："籍贯"–"民族"–"照片"。

提示

第 1 小题：自定义数据来源。

第 2 小题：使用"图像"控件在窗体页眉节区单击，从素材文件夹 sc291502007 中选择 test.bmp 图片。

第 3 小题：使用"选项卡"控件在主体节区单击，默认生成 2 页的选项卡，右击添加的"选项卡"控件，即可再添加 1 页选项卡。

分别选中选项卡的 3 页，更改"全部"属性下方的"名称"为"基本信息""其他信息"和"课程信息"。

单击"设计"选项卡下"工具"组中的"添加现有字段"按钮，参照图 3-29，将字段拖动到对应的选项卡页中。

第 4 小题：右击"其他信息"选项卡，选择"Tab 键次序"，在弹出的窗口中调整次序即可。

实验八

涉及的知识点

标签控件、计算控件、子窗体控件的引用。

操作要求

（1）打开素材文件夹 sc291502008 中的数据库文件 samp3.accdb，其中存在已经设计好的窗体对象 fStud 及 fScore 子窗体。在 fStud 窗体的"窗体页眉"中距左边 2.5 cm、距上边 0.3 cm 处添加一个宽 6.5 cm、高 0.95 cm 的标签控件（名称为 bTitle），标签控件上的文字为"学生基本情况浏览"，颜色为"蓝色"（蓝色代码为 16711680）、字体名称为"黑体"、字体大小为 22。

（2）在 fStud 窗体中有一个 tAge 文本框，要求显示学生的年龄。

（3）假设 tStud 表中，"学号"字段的第 5 位和第 6 位编码代表该生的专业信息，当这两位编码为 10 时表示"管理"专业，为其他值时表示"计算机"专业。对 fStud 窗体中名称为 tSub 的文本框控件进行适当设置，使其根据"学号"字段的第 5 位和第 6 位编码显示对应的专业名称。

（4）在 fStud 窗体和 fScore 子窗体中各有一个平均成绩文本框控件，名称分别为 txtMAvg 和 txtAvg，对两个文本框进行适当设置，使 fStud 窗体中的 txtMAvg 文本框能够显示出每名学生所选课程的平均成绩。

提示

第 3 小题：计算控件即文本框控件。选中 tSub 文本框控件，将"属性表"的选项卡切换至"数据"，利用 iif、mid 函数计算。

iif 函数的功能和含义：

格式：iif(条件式,表达式 1,表达式 2)

功能：该函数根据"条件式"的值来决定函数的返回值。当"条件式"的值为真时，返回"表达式 1"的值；当"条件式"的值为假时，返回"表达式 2"的值。

第 4 小题：在子窗体中选中 txtAvg 文本框控件，将"属性表"的选项卡切换至"数据"，利用 avg 函数计算。

在主窗体中选中 txtMAvg 文本框控件，将"属性表"的选项卡切换至"数据"，在"控件来源"属性右侧的文本框中输入"=[fScore 子窗体]![txtAvg]"。

实验九

涉及的知识点

切换按钮、可用状态、默认值、Tab 键次序、窗体标题。

操作要求

（1）打开素材文件夹 sc291502009 中的数据库文件 samp3.accdb，其中存在已经设计好的窗体对象 fTest 及宏对象 m1。在窗体主体节区添加两个宽 3.5 cm、高 0.9 cm 的切换按钮控件，左边距均为 2.2 cm，第一个切换按钮的上边距为 0.4 cm，名称和标题均为 opt1；第二个控件距离第一个控件 0.2cm，名称和标题均为 opt2。

（2）设置 opt1 按钮为不可用状态，opt2 按钮的"默认值"属性为假值。

（3）将窗体主体节中控件的 Tab 键次序改为 opt2→opt1。

（4）将窗体标题设置为"按钮"。

提示

第 2 小题：选中 opt1 控件，将"属性表"的选项卡切换至"数据"，更改"可用"属性为"否"；选中 opt2 控件，将"属性表"的选项卡切换至"数据"选项卡，在"默认值"属性右侧输入 false、no、0 皆可。

第 3 小题：右击主体节区，选择"Tab 键次序"，长按鼠标左键调整顺序。

实验十

涉及的知识点

窗体记录源、窗体边框、滚动条、记录选定器、导航按钮、分隔线、命令按钮属性、输入掩码。

操作要求

（1）打开素材文件夹 sc291502010 中的数据库文件 samp3.accdb，其中存在已经设计好的窗体对象 fEdit 及 fEuser。将窗体 fEdit 的数据源设置为 tUser 表。

（2）将窗体边框改为"对话框边框"样式，取消窗体中的水平和垂直滚动条、记录选定器、导航按钮和分隔线。

（3）将"修改"命令按钮的外观设置为图片显示，图片选择素材文件夹 sc291502010 下的 photo.bmp 图像文件。

（4）设置 tEnter 文本框输入数据的格式，要求前三位必须是字母，后三位必须是数字。

提示

第 4 小题：选中 tEnter 控件，将"属性表"的选项卡切换至"数据"选项卡，设置"输入掩码"的内容为"LLL000"。

实验十一

涉及的知识点

计算控件、格式属性、小数位数、命令按钮属性、列表框、日期和时间。

操作要求

（1）打开素材文件夹 sc291502011 中的数据库文件 samp3.accdb，其中存在已经设计好的表对象 tEmp 及窗体对象 fEmp。在 fEmp 窗体中有一个 tAge 文本框，要求显示党员的平均年龄，并以 2 位小数形式显示。

（2）将窗体中"计算"命令按钮（名称为 bt）上的文字颜色改为深红色、字体粗细改为"加粗"，并给文字加上下画线。

（3）在窗体的主体节区中距左边 3.5 cm、距上边 2 cm 处添加一个宽 2.5 cm、高 1 cm 的列表框，要求列表框内显示"男""女"性别信息，且不允许编辑值列表。

（4）在窗体页眉节区添加"日期和时间"，日期格式为"××-××-××"，不包含时间。

提示

第 1 小题：tAge 文本框用 2 位小数表示，可将"属性表"的选项卡切换至"格式"选项卡，并设置"格式"属性为"固定"，"小数位数"属性为 2。

第 3 小题：使用列表框向导创建，在向导中选择"自行键入所需要的值"，并依次输入"男""女"。然后选中该列表框，将其"数据"选项卡中的"允许编辑值列表"设置为"否"。

实验十二

涉及的知识点

修改控件类型、组合框属性、绑定控件、计算控件、命令按钮控件属性。

操作要求

（1）打开素材文件夹 sc291502012 中的数据库文件 samp3.accdb，其中存在已经设计好的表对象 tEmp 及窗体对象 fEmp。将窗体上名称为 tSS 的文本框控件改为组合框控件，控件名称不变，标签标题不变。设置组合框控件的相关属性，以实现从下拉列表中选择输入性别值"男"和"女"。

（2）要求 tAge 控件显示学生的年龄信息，且新输入的年龄值必须大于 20 岁。

（3）将窗体上名称为 tPa 的文本框控件设置为计算控件。要求依据"党员否"字段值显示相应内容。如果"党员否"字段值为 True，则显示"党员"；如果"党员否"字段值为 False，则显示"非党员"。

4）将"刷新"命令按钮的背景样式为"透明"。

提示

第 1 小题：右击，选择 tSS 控件，选择"更改为"→"组合框"命令，然后将该组合框的"行来源"属性右侧的文本框中输入""男";"女""、"行来源类型"属性为"值列表"。

第 2 小题：绑定完"年龄"字段后，设置该控件的有效性规则为>20。

第 3 小题：计算控件即文本框控件。选中 tSub 文本框控件，将"属性表"的选项卡切换至"数据"选项卡，利用 iif 函数计算。

实验十三

涉及的知识点

窗体标题、窗体与子窗体格式属性、标签控件、计算控件。

操作要求

（1）打开素材文件夹 sc291502013 中的数据库文件 samp3.accdb，其中存在已经设计好的窗体对象 fDetail 和 fStud。将 fStud 窗体标题改为"学生查询"。

（2）将 fStud 窗体的边框样式改为"细边框"，将子窗体边框样式改为"可调边框"，取消子窗体中的记录选定器、导航按钮。

（3）在 fStud 窗体中有两个标签控件，名称分别为 Label1 和 Label2，将这两个标签上的文字颜色改为白色，背景颜色改为紫色（紫色代码为#6F3198）。

（4）修改 fStud 窗体中名为 Text27 的控件，使其显示当天为星期几，显示格式为"今天是星期*"（使用函数）。

提示

第 4 小题：选中 Text27 文本框控件，将"属性表"的选项卡切换至"数据"选项卡，利用 weekday、date 函数计算。

实验十四

涉及的知识点

标签控件、选项组控件、复选框控件、命令按钮、对齐控件。

操作要求

（1）打开素材文件夹 sc291502014 中的数据库文件 samp3.accdb，其中存在已经设计好的窗体对象 fStaff。在窗体的窗体页眉节区左边距 1 cm，上边距 1 cm 处添加一个标签控件，其名称为 Title，标题为"员工信息输出"。

（2）在主体节区左边距 1 cm，上边距 1 cm 处添加一个选项组控件，将其命名为 opt，选项组标签显示内容为"性别"，名称为 bopt。

（3）在选项组内放置两个复选框控件，控件分别命名为 opt1 和 opt2，控件标签显示内容分别为"男"和"女"，名称分别为 bopt1 和 bopt2。

（4）在窗体页脚节区添加两个命令按钮，与选项组按钮左对齐，命令按钮分别命名为 bOk 和 bQuit，按钮标题分别为"确定"和"退出"。并将 bOk 命令按钮的外观设置为图片显示，图片选择素材文件夹 sc291502014 下的 test.bmp 图像文件。

实验十五

涉及的知识点

窗体记录源、计算控件、默认值。

操作要求

（1）打开素材文件夹 sc291502015 中的数据库文件 samp3.accdb，其中存在已经设计好的窗体对象 fTest。将窗体与 05tTeacher 表绑定。

（2）在窗体中有一个"名"文本框，要求显示教师的名（假定姓名的第一个字符为姓，其余字符为名。）。

（3）设置复选框选项按钮"在职否"的"默认值"属性为真值。

（4）在窗体中有一个"年"文本框，要求显示教师的出生年份，格式为"****年"。

提示

第 2 小题：选中"名"文本框控件，将"属性表"的选项卡切换至"数据"选项卡，利用 mid 函数计算。

第 3 小题：选中"在职否"控件，将"属性表"的选项卡切换至"数据"选项卡，在"默认值"属性右侧输入 true、yes、-1 皆可。

第 4 小题：选中"年"文本框控件，将"属性表"的选项卡切换至"数据"选项卡，利用 year、date 函数计算。

实验十六

涉及的知识点

控件类型修改、查询引用窗体、主体属性、窗体属性、页眉页脚。

操作要求

（1）打开素材文件夹 sc291502016 中的数据库文件 samp3.accdb，其中存在已经设计好的窗体对象 fNorm 和 fStock。将窗体 fStock 上名称为"规格"的文本框控件改为列表框控件，控件名称不变，标签标题不变。

（2）选择合适字段，将查询对象 03qStock 改为参数查询，参数为引用窗体对象 fStock 上"产品名称"的输入值。

（3）设置窗体 fStock 的主体特殊效果为"凸起"，子窗体的名称为"产品信息"。

（4）取消窗体页眉和页脚。

提示

第 2 小题：打开查询 03qStock 的设计试图，添加"产品名称"作为查询字段，然后在条件行中输入"[Forms]![fStock]![产品名称]"。

3.3 综合练习

实验一

涉及的知识点

窗体属性的设置、窗体数据源、标签控件、复选框控件、命令按钮控件的使用。

操作要求

（1）打开素材文件夹 sc291503001 中"教学管理.accdb"数据库中的"学生"窗体，取消该窗体的导航按钮和记录选择器。

（2）为"学生"窗体设置数据源，要求包含学生的"姓名""课程名称"和"成绩"；在窗体页眉上添加一个标签，命名为 btitle，内容为"学生窗体"，距上边 0.6 cm，距左边 2 cm。

（3）设置主体中的 check1 复选按钮的默认值为已勾选，check2 复选按钮的默认值为未勾选。

（4）在窗体页脚区添加一个命令按钮，功能为关闭窗体，命名为 cmdclose，按钮上显示文字"关闭窗体"，距上边 0.3 cm，距左边 2 cm。

实验二

涉及的知识点

窗体属性的设置、照片控件、标签控件、命令按钮控件的使用。

操作要求

（1）打开素材文件夹 sc291503002 中"教学管理.accdb"数据库中的"学生"窗体，设置该窗体标题为"学生信息"，且无最大最小化按钮。

（2）使主体中的"照片"图像框显示数据源中的"照片"字段的数据；设置主体中的"学号"文本框的输入掩码，使学号中的文本以*的形式显示。

（3）设置窗体页脚中的控件 Box19 特殊效果为"凹陷"，宽×高为 8×1.5 cm。

（4）在窗体页脚区添加一个命令按钮，功能为关闭窗体，命名为 cmdclose，按钮上显示文字"关闭窗体"，距上边 0.3 cm，距左边 5.5 cm。

实验三

涉及的知识点

窗体属性的设置、插入日期、文本框控件、命令按钮控件的使用。

操作要求

（1）打开素材文件夹 sc291503003 中"教学管理.accdb"数据库中的"学生"窗体，取消该窗体的导航按钮和记录选择器。

（2）在窗体页眉区添加日期，格式为"短日期"；使主体中的"姓名"文本框显示数据源中的"姓名"字段的数据。

（3）设置该窗体标题为"学生信息"，且不允许添加记录。

（4）在窗体页脚区添加一个命令按钮，功能为切换至上一条记录，命名为 cmd，按钮上显示文字"上一条"，距上边 0.5 cm，距左边 4 cm。

实验四

涉及的知识点

窗体属性的设置、标签控件、插入时间、子窗体控件的使用、子窗体属性的设置。

操作要求

（1）打开素材文件夹 sc291503004 中"教学管理.accdb"数据库中的"学生"窗体，取消该窗体的垂直滚动条和记录选择器。

（2）设置窗体页眉中的标签（Label6）为阴影特殊效果，且该标签中文本加粗显示；在窗体页眉中插入系统时间，格式为"长时间"。

（3）利用控件向导，添加一个子窗体，命名为"选课_子窗体"，窗体中包含主窗体中学生的"学号""课程号"和"成绩"信息（该 3 个字段来自于"选课"表）。

（4）设置子窗体控件宽×高为 12×4 cm，距上边 11 cm，距左边 1 cm，并删除该控件附带的标签。

实验五

涉及的知识点

窗体属性的设置、文本框控件、命令按钮控件的使用、启动窗体。

操作要求

（1）打开素材文件夹 sc291503005 中"教学管理.accdb"数据库中的"登录窗体"窗体，设置窗体边框样式为"对话框边框"，取消窗体的水平和垂直滚动条。

（2）设置主体中的 Textname 文本框的字体为"微软雅黑"，大小为 12，颜色为"深蓝，文字 2，淡色 40%"，加粗。

（3）设置主体中的"Textpsw"文本框的输入掩码，使该文本框中的文本以*的形式显示。

（4）在窗体主体节添加一个命令按钮，命名为 cmd，按钮上显示文字"确定"，距上边 3 cm，距左边 3.5 cm；设置该窗体为启动窗体。

3.4 总结与分析

常见题型

设置指定控件的属性；或添加控件（标签/文本/按钮），再设置其属性。

操作方法：先找到或添加控件，再设置属性。

属性的设置：

（1）打开窗体的"设计视图"，任选定一个控件，右击选择"属性"命令，注意观察属性窗口标题上指明的"控件类型"和"控件名称"是否和题意相同，若不同，可通过"下拉列表框"直接找到指定的控件。

注意： 先必须按题意找准控件

（2）设置相应属性。大部分的属性都能在"全部"选项卡中设置。

常见属性设置：名称、标题、字体颜色（即前景色）、字体粗细、下画线、文字居中显示、上边距、左边距、窗体的标题、窗体边框样式、滚动条、记录选定器、浏览按钮（即导航按钮）、文本控件的数据来源、按钮的"单击"事件（非 VBA 代码题）等。

注意：

（1）区分控件的"名称"和"标题"。

（2）字体设置时，注意"@黑体"和"黑体"的区别。

（3）设置按钮 B 和按钮 A 的大小一致：通过设置按钮 B 的"高度"和"宽度"。

（4）设置按钮 C 和按钮 A、B 的对齐方式：按住 Shift 键，先选按钮 A、B，然后再选按钮 C，使用"排列"选项卡中的"调整大小和排序"→"对齐"→"靠左"/"靠右"/"靠上"/"靠下"设置，注意各个按钮的选取次序。

（5）按题目要求使用指定颜色代码设置颜色（如红色为 255），而不是使用 red。

（6）对于非 VBA 编程题，在选定按钮的"全部"或"事件"选项卡中找到"单击"，直接通过下拉列表框选择"事件过程"或题意中指定的宏名。

（7）指定文本控件的数据来源：选定该文本框→右击选择"属性"命令→"全部"/"数据"选项卡→下拉列表框中选择"控件来源"。

（8）计算控件，即文本框控件。

1）掌握 iif() 函数的写法，iif(条件表达式,条件成立时取值, 条件不成立时取值)。举例如下：

a. 设置 tSex 文本框控件依据记录源"性别"字段值来显示信息：性别为 1，显示"男"；性别为 2，显示"女"；

应在"控件来源"中输入：= iif([性别]=1,"男","女")，注意：是 iif() 函数，而不是 if()。

b. 设置某复选框依据报表记录源的"性别"和"年龄"字段来显示状态信息：性别为"男"且年龄小于 20 时显示为选中打钩状态，否则为不选中空白状态。

应在"控件来源"里写：= iif(([性别]=" 男" and [年龄]<20),yes,no)

2）添加一个计算控件 savg，计算并显示学生的平均年龄。

添加一个文本框控件，设置该控件的控件来源为：=avg([年龄])，并设置该控件的名称为 savg。

3）添加一个计算控件，依据"团队 ID"来计算团队个数。

添加一个文本框控件，设置该控件的控件来源为：=count([团队 ID])

（9）将文本框更改为下拉列表框，实现下拉列表形式输入"男"和"女"。

操作方式：选中该文本框，右击选择"更改"命令，选择下拉列表框；选中更改后的下拉列表框，右击选择"属性"命令，选择"控件来源"为"性别"，选择"行来源类型"为"值列表"，输入"行来源"为"男";"女"。

注意：两个取值之间用分号隔开。

（10）更改 Tab 键次序：选择"设计"选项卡→"工具"功能区→"Tab 键次序"。

（11）绑定窗体的记录源：选中该窗体，设置该窗体的"记录源"属性即可。

第 4 章

创建和设计报表

本章主要涉及的内容是报表的创建和操作，包括 35 个操作题。报表的主要功能是对原始的大量数据进行综合整理，并将所需结果按规定格式打印输出。它可执行简单的数据浏览和打印功能，还可以对大量原始数据进行排序、比较、汇总和小计，从而方便有效地处理事务。

主要知识点

1．报表的创建与设计

（1）使用向导创建报表。

（2）使用标签创建报表。

（3）使用设计器创建报表。

（4）控件的含义及种类。

（5）在报表中添加和修改控件。

（6）设置控件的常见属性。

2．记录的排序、分组和汇总

（1）记录的排序。

（2）记录的分组和汇总。

4.1 报表的创建与设计

实验一

涉及的知识点

使用"标签"创建标签报表、标签控件的使用、报表背景图片。

操作要求

（1）打开素材文件夹 sc291601001 中的数据库文件 samp1.accdb，使用"01 学生"表的数据生成"标签报表"，字体为"华文行楷"、斜体，文本颜色为蓝色。

（2）报表仅输出"学号""姓名""性别"和"籍贯"字段，输出的数据排列格式如图 4-1 所示。

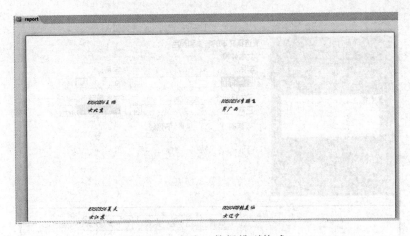

图 4-1　实验一数据排列格式

（3）报表按照"学号"字段升序排序，名称为 report。

（4）在报表的报表页眉区添加一个标签控件，宽 3.501 cm，高 1.501 cm，上边距与左边距均为 0，其标题显示为"学生信息报表"，并命名为 bTitle。

（5）在报表中添加背景图片 p2.jpg，图片位于素材文件夹 sc291601001 中。

 提示

第 1 小题：单击表"01 学生"，单击"创建"选项卡"报表"组中的"标签"按钮，弹出"标签向导"对话框第 1 步，如图 4-2 所示。

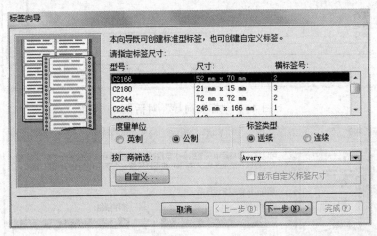

图 4-2　"标签向导"对话框 1

单击"下一步"按钮，弹出"标签向导"对话框第 2 步，根据题目要求选择文本的字体和颜色，如图 4-3 所示。

单击"下一步"按钮，弹出"标签向导"对话框第 3 步，添加报表要求显示的内容，数据的排列格式如图 4-4 所示，利用【Enter】键可以换行。

单击"下一步"按钮，弹出"标签向导"对话框第 4 步，添加排序字段，如图 4-5 所示。

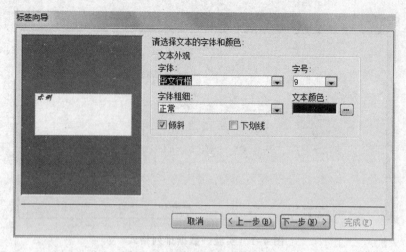

图 4-3 "标签向导"对话框 2

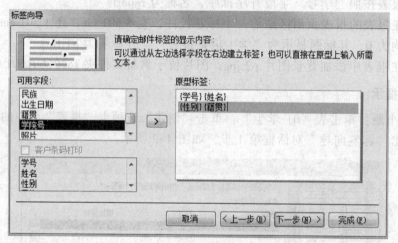

图 4-4 "标签向导"对话框 3

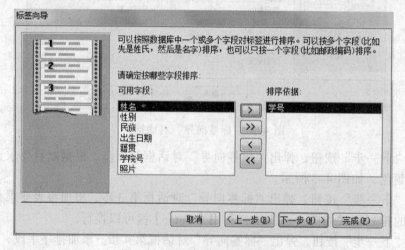

图 4-5 "标签向导"对话框 4

单击"下一步"按钮，弹出"标签向导"对话框第 5 步，修改报表名称为 report，如图 4-6 所示，最后，单击"完成"按钮即可。

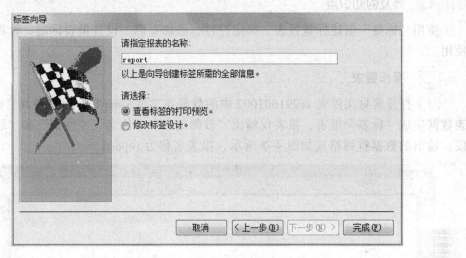

图 4-6　"标签向导"对话框 5

　　第 5 小题：在 report 的设计视图中，将"属性表"中所选内容的类型更改为"报表"，并设置报表的"图片"属性为 p2.jpg，如图 4-7 所示。

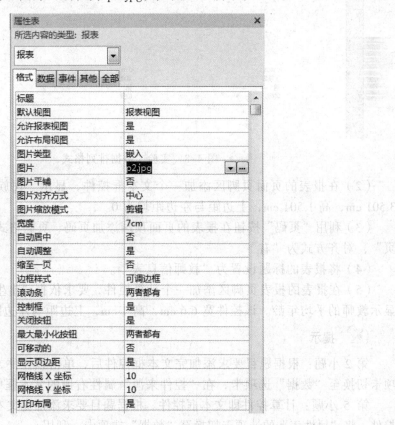

图 4-7　添加"报表"背景图片

实验二

涉及的知识点

使用"标签"创建标签报表、绑定控件、添加页码、设置报表标题、计算控件的使用。

操作要求

（1）打开素材文件夹 sc291601002 中的数据库文件 samp1.accdb，使用"01 教师"表数据生成"标签"报表，报表仅输出"教师编号""姓名""性别"和"职称"字段，输出的数据排列格式如图 4-8 所示，报表名称为 report。

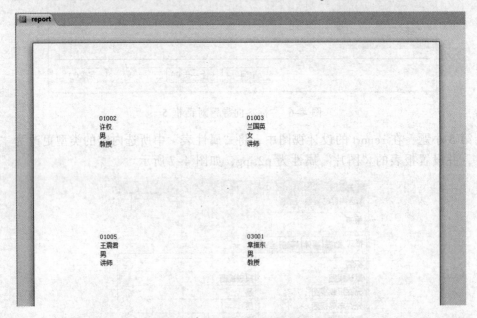

图 4-8　实验二数据排列格式

（2）在报表的页面页脚区添加一个文本框控件，显示"民族"字段。该控件宽 3.501 cm，高 1.501 cm，上边距与左边距均为 0。

（3）利用"页码"按钮在报表的页面顶端添加页码，页码格式为"第 N 页，共 M 页"，对齐方式为"右"。

（4）将报表的标题设置为"教师信息表"。

（5）在报表的报表页脚区添加一个计算控件，要求依据"出生日期"字段计算并显示教师的平均年龄。该控件宽 6.6 cm，高 1 cm，上边距与左边距均为 0。

提示

第 2 小题：根据题目要求添加完文本框控件后，单击该控件，将"属性表"的选项卡切换至"数据"选项卡，在"控件来源"属性右侧的文本框中选择"民族"。

第 5 小题：计算控件即文本框控件。根据题目要求添加完文本框控件后，单击该控件，将"属性表"的选项卡切换至"数据"选项卡，利用 avg、year、date 函数计算。

实验三

涉及的知识点

使用"报表向导"创建报表、页码格式、标签控件的使用、绑定控件、子报表。

操作要求

（1）打开素材文件夹 sc291601003 中的数据库文件 samp1.accdb，使用"02 图书"表数据，通过"报表向导"生成表格报表，报表仅输出"书名""单价"和"作者名"字段，报表名称为 report。

（2）修改页面页脚区内名为 Text8 的文本框控件，使之实现"Page 1/共 1 页"格式的页码输出。

（3）修改报表页眉区内名为 Label6 标签控件的字体名称为"华文琥珀"，字体大小为 26，字体颜色为深蓝。

（4）在报表的报表页脚区添加一个文本框控件，显示"出版社名称"字段。该控件宽 3 cm，高 1 cm，上边距 1.501 cm、左边距为 14 cm。

（5）在报表的主体区创建子报表，子报表来源为"02 销售"表，子报表仅显示"数量"和"售出日期"字段。

提示

第 2 小题：在 report 的设计视图中，将"属性表"中所选内容的类型更改为 Text8，此时，页面页脚区内名为 Text8 的文本框控件被选中。将"属性表"的选项卡切换至"数据"选项卡，在"控件来源"属性右侧的文本框中输入"="Page " & [Page] & "/共 " & [Page] & " 页""。

第 5 小题：调整报表 report 的主体节高度，以便腾出位置摆放子报表。

单击"设计"选项卡"控件"组中的"子窗体/子报表"按钮，如图 4-9 所示。在主体节中拖出放置子报表的位置，弹出"子报表向导"对话框第 1 步，如图 4-10 所示。

图 4-9　单击"子窗体/子报表"按钮

单击"下一步"按钮，弹出"子报表向导"对话框第 2 步，在"表/查询"的下拉列表中选择"02 销售"表，并添加"数量"和"售出日期"为选定字段，如图 4-11 所示。

单击"下一步"按钮，弹出"子报表向导"对话框第 3 步，保持默认设置，如图 4-12 所示。

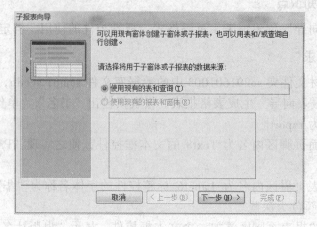

图 4-10　"子报表向导"对话框 1

图 4-11　"子报表向导"对话框 2

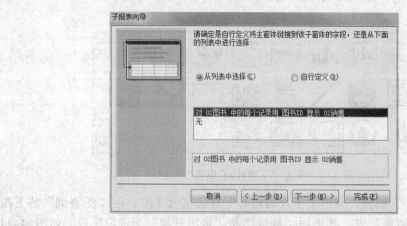

图 4-12　"子报表向导"对话框 3

单击"下一步"按钮，弹出"子报表向导"对话框第 4 步，保持默认设置，如图 4-13 所示，最后，单击"完成"按钮即可。

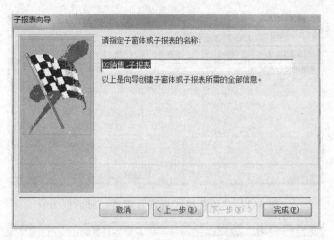

图 4-13 "子报表向导"对话框 4

实验四

涉及的知识点

标签控件的使用、绑定控件、页码格式、条件格式、报表页眉背景色。

操作要求

（1）打开素材文件夹 sc291601004 中的数据库文件 samp1.accdb，该数据库文件已经建立了以"03 职工"为数据源的报表对象 report。在报表的报表页眉节区位置添加一个标签控件，其标题显示为"职员基本信息表"，并命名为 bTitle。该控件宽 3.503 cm，高 1.503 cm，上边距与左边距均为 0。

（2）将报表主体节区中名为 tAge 的文本框显示内容设置为"年龄"字段值。

（3）在报表的页面页脚区添加一个计算控件，以输出页码。计算控件放置在距上边 0.25 cm、距左侧 13.208 cm 位置，并命名为 tPage。规定页码显示格式为"当前页/总页数"，如 1/3、2/3、3/3。

（4）为报表中"年龄"字段设置条件格式，年龄低于 30 岁的数据显示为加粗、斜体、红色。

（5）修改报表页眉的背景色为#BFB2CF。

提示

第 3 小题：在 report 的设计视图中，在报表的页面页脚区添加一个文本框控件。设置完该控件的基本格式属性后，将"属性表"的选项卡切换至"数据"选项卡，在"控件来源"属性右侧的文本框中输入"=[Page] & "/" & [Pages]"。

第 4 小题：在报表的主体节中单击"年龄"字段，单击"格式"选项卡"控件格式"组中的"条件格式"按钮，弹出"条件格式规则管理器"对话框第 1 步，如图 4-14 所示。

单击"新建规则"按钮，弹出"新建格式规则"对话框，编辑规则符合"字段值""小于""30"，并且单击 **B**（加粗）、 *I*（斜体）、 **A▾**（红色）按钮，如图 4-15 所示。

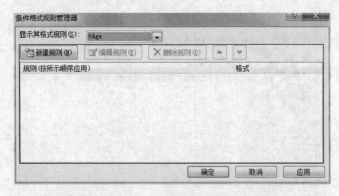

图 4-14 "条件格式规则管理器"对话框 1

图 4-15 "新建格式规则"对话框

单击"确定"按钮，弹出"条件格式规则管理器"对话框第 2 步，如图 4-16 所示。最后，单击"应用"按钮即可。

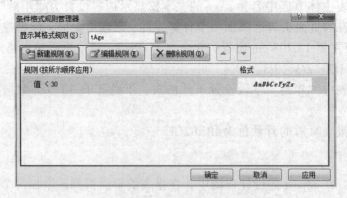

图 4-16 "条件格式规则管理器"对话框 2

第 5 小题：在 report 的设计视图中，将"属性表"中所选内容的类型更改为"报表页眉"，并设置报表页眉的"背景色"属性为"#BFB2CF"。

实验五

涉及的知识点

添加标题、添加徽标、绑定控件、计算控件的使用。

操作要求

（1）打开素材文件夹 sc291601005 中的数据库文件 samp1.accdb，该数据库文件已经建立了以"01 教师"为数据源的报表对象 report。在报表的报表页眉区中添加"标题"，标题内容为"教师信息表"，并设置"蚀刻"效果。

（2）使用图片 p3.jpg 作为徽标添加在报表的报表页眉区中，图片在素材文件夹 sc291601005 中。

（3）将报表主体节区中名为 Text84 的文本框显示内容设置为"在职否"字段值，并设置格式为"是/否"型。

（4）在报表的报表页脚区添加一个计算控件，要求依据"教师编号"字段计算并显示教师的人数。该控件宽 4.3 cm，高 0.6 cm，上边距为 0，左边距为 0.101 cm。

（5）在报表的页面页脚区添加一个计算控件，显示系统年、月、日，显示格式为 ×××× 年 ×× 月 ×× 日（不允许使用格式属性）。该控件宽 16 cm，高 0.6 cm，上边距为 0，左边距为 0.101 cm。

提示

第 2 小题：在 report 的设计视图中，单击"设计"选项卡"页眉/页脚"组中的"徽标"按钮，在弹出的窗口中选择"p3.jpg"。

第 4 小题：在 report 的设计视图中，在报表的报表页脚区添加一个文本框控件。设置完该控件的基本格式属性后，将"属性表"的选项卡切换至"数据"，利用 count 函数计算。

第 5 小题：在 report 的设计视图中，在报表的页面页脚区添加一个文本框控件。设置完该控件的基本格式属性后，将"属性表"的选项卡切换至"数据"选项卡，利用 year、date、month、day 函数计算。

实验六

涉及的知识点

标签控件的使用、绑定控件、添加日期和时间、报表背景图片、条件格式。

操作要求

（1）打开素材文件夹 sc291601006 中的数据库文件 samp1.accdb，该数据库文件已经建立了以"01 课程"为数据源的报表对象 report。修改报表页眉区内名为 Label8 标签控件的标题为"课程信息表"，宽为 5 cm，背景色为"突出显示"。

（2）将报表主体节区中名为"课程名称"的文本框显示内容设置为"课程名称"字段值。

（3）在报表的报表页眉区中添加"日期和时间"，日期格式为"2016 年 1 月 29 日"，时间格式为"18：08：42"。

（4）在报表中添加背景图片 p2.jpg，图片在素材文件夹 sc291601006 中。

（5）为报表中"学分"字段设置条件格式，学分等于 4 的数据加下画线、背景色为红色。

实验七

涉及的知识点

报表标题、标签控件的使用、计算控件的使用、图片控件的使用。

操作要求

（1）打开素材文件夹 sc291601007 中的数据库文件 samp1.accdb，该数据库文件已经建立了以"01 学生"为数据源的报表对象 report。将报表的标题设置为"学生信息表"。

（2）修改报表页眉区内名为 Label9 标签控件的字体粗细为"加粗"，边框样式为"短虚线"。

（3）修改报表主体节区中名为 Text15 的文本框控件，要求依据"出生日期"字段计算并显示学生的年龄。

（4）在报表的报表页脚区添加一个计算控件，计算并显示系统当前的日期是星期几，显示格式为"星期*"。该控件宽 4.3 cm，高 0.6 cm，上边距为 0，左边距为 0.199 cm。

（5）在报表的报表页眉区添加图片控件，图片使用 p4.jpg，图片在素材文件夹 sc291601007 下。该控件宽 2.3 cm，高 2.3 cm，上边距为 0，左边距为 17 cm。

提示

第 3 小题：在 report 的设计视图中，将"属性表"中所选内容的类型更改为 Text15，此时，主体节区内名为"Text15"的文本框控件被选中。将"属性表"的选项卡切换至"数据"选项卡，利用 year、date 函数计算。

第 4 小题：在 report 的设计视图中，在报表的报表页脚区添加一个文本框控件。设置完该控件的基本格式属性后，将"属性表"的选项卡切换至"数据"选项卡，利用 weekday、date 函数计算。

第 5 小题：单击"设计"选项卡"控件"组中的"图像"按钮，如图 4-17 所示。在报表页眉节单击，在弹出的窗口中选择图片 p4.jpg，并根据题目要求调整图片的位置。

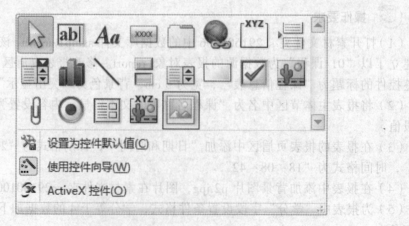

图 4-17 单击"图像"按钮

实验八

涉及的知识点

徽标、计算控件的使用、标签控件的使用、条件格式。

操作要求

（1）打开素材文件夹下 sc291601008 中的数据库文件 samp1.accdb，该数据库文件已经建立了以"01 选课"为数据源的报表对象 report。修改报表页眉区的徽标为素材文件夹 sc291601008 下的 p3.jpg。

（2）修改报表页眉区中名为 Text25 的文本框控件，要求显示系统日期和时间。

（3）修改报表页脚区中名为 Text20 的文本框控件，要求显示学生成绩的平均值，并保留 1 位小数（保留小数需使用函数）。

（4）修改报表页眉区内名为 Auto_Header0 标签控件的字体名称为"华文楷体"，字体颜色为"Access 主题 8"。

（5）为报表中"成绩"字段设置条件格式，成绩低于 60 分的数据显示为加粗、斜体、红色。

提示

第 2 小题：在 report 的设计视图中，将"属性表"中所选内容的类型更改为 Text25，此时，报表页眉区内名为 Text25 的文本框控件被选中。将"属性表"的选项卡切换至"数据"选项卡，利用 now 函数计算。

第 3 小题：在 report 的设计视图中，将"属性表"中所选内容的类型更改为 Text20，此时，报表页脚区内名为 Text20 的文本框控件被选中。将"属性表"的选项卡切换至"数据"选项卡，利用 round、avg 函数计算。

实验九

涉及的知识点

标签控件的使用、绑定控件、计算控件的使用、报表页眉背景色、页码格式。

操作要求

（1）打开素材文件夹 sc291601009 中的数据库文件 samp1.accdb，该数据库文件已经建立了以"02 销售"为数据源的报表对象 report。修改报表页眉区内名为 Label6 标签控件的特殊效果为"凹陷"，名称为"标题"。

（2）将报表主体节区中名为 Text9 的文本框显示内容设置为"图书 ID"字段值。

（3）在报表的报表页脚区添加一个计算控件，要求依据"数量"字段计算并显示图书销售量的总和，显示格式为"销售量总和为*"。该控件宽 4.3 cm，高 0.6 cm，上边距为 0，左边距为 0.608 cm。

（4）修改报表页眉的背景色为#BFB2CF。

（5）修改页面页脚区内名为 Text12 的文本框控件，使之实现以下格式的页码输出"1/共 1 页"。

提示

第 3 小题：在 report 的设计视图中，在报表的报表页脚区添加一个文本框控件。设置完该控件的基本格式属性后，将"属性表"的选项卡切换至"数据"选项卡，利用 sum 函数计算。

第 5 小题：在 report 的设计视图中，将"属性表"中所选内容的类型更改为 Text12，此时，页面页脚区内名为 Text12 的文本框控件被选中。将"属性表"的选项卡切换至"数据"选项卡，利用[page]和[pages]计算。

实验十

 涉及的知识点

报表标题、控件对齐、计算控件的使用、报表背景图片。

操作要求

（1）打开素材文件夹 sc291601010 中的数据库文件 samp1.accdb，该数据库文件已经建立了以"03 工资"为数据源的报表对象 report。将报表的标题设置为"工资信息表"。

（2）调整报表页面页脚区内名为 Label40 的标签控件的位置，要求左边对齐主体节区内名为"职工号"的文本框控件，并将名称设置为"注意事项"。

（3）修改报表主体节区内名为 Text41 的文本框控件，要求依据"年月"字段计算并显示信息（年月在 2007 年之后，包含 2007 年时显示"新员工"；年月在 2007 年之前时显示"老员工"。）。

（4）修改报表页脚区中名为 Text20 的文本框控件，要求显示实发工资。计算公式为"实发工资=基本工资+津贴−住房公积金−失业保险"。

（5）在报表中添加背景图片 p2.jpg，图片在素材文件夹 sc291601010 中。

提示

第 2 小题：使用【Ctrl】键同时选中报表页面页脚区内名为 Label40 的标签控件与主体节区内名为"职工号"的文本框控件，单击"排列"选项卡"调整大小和排序"组中的"对齐"下拉按钮，选择"靠左"。然后在"属性表"中更改 Label40 的标签控件名称为"注意事项"。

第 3 小题：在 report 的设计视图中，将"属性表"中所选内容的类型更改为 Text41，此时，主体节内名为 Text41 的文本框控件被选中。将"属性表"的选项卡切换至"数据"选项卡，利用 iif、year 函数计算。

注释：iif()函数：

格式：iif(条件式,表达式 1,表达式 2)

功能：该函数根据"条件式"的值来决定函数的返回值。当"条件式"的值为真时，返回"表达式 1"的值；当"条件式"的值为假时，返回"表达式 2"的值。

第 4 小题：在 report 的设计视图中，将"属性表"中所选内容的类型更改为 Text20，此时，报表页脚内名为 Text20 的文本框控件被选中。将"属性表"的选项卡切换至

"数据"选项卡，在"控件来源"属性右侧的文本框中输入"=[基本工资]+[津贴]–[住房公积金]–[失业保险]"。

实验十一

涉及的知识点

标签控件的使用、对齐控件、绑定字段、计算控件的使用、删除页面页脚。

操作要求

（1）打开素材文件夹 sc291601011 中的数据库文件 samp1.accdb，该数据库文件已经建立了以"查询 1"为数据源的报表对象 report。调整报表页眉区内名为"查询 1"的标签控件的位置，要求左边对齐页面页眉区内名为 Label0 的标签控件。

（2）将报表主体节区中名为"年龄"的文本框显示内容设置为"年龄"字段值。

（3）修改报表主体节区内名为"住房公积金"的文本框控件，要求依据"基本工资"字段计算并显示信息（基本工资大于 660 时，住房公积金为"基本工资"*70%；否则，住房公积金为"基本工资"*60%。）。

（4）修改主体节区内名为"住房公积金"的文本框控件的格式属性为"货币"。

（5）删除报表的页面页脚。

提示

第 3 小题：选中主体节区内名为"住房公积金"的文本框控件，将"属性表"的选项卡切换至"数据"选项卡，利用 iif 函数计算。

4.2 记录的排序、分组和汇总

实验一

涉及的知识点

标签控件的使用、计算控件的使用、分组、汇总、排序、条件格式。

操作要求

（1）打开素材文件夹 sc291602001 中的数据库文件 samp1.accdb，该数据库文件已经建立了以"03 职工"为数据源的报表对象 report。修改报表页眉区内名为 Auto_Header0 标签控件的名称为"标题"，文字颜色为"深色文本"。

（2）修改报表主体节区内名为"工龄"的文本框控件，要求依据"聘用时间"字段计算并显示员工的工龄。

（3）按"性别"字段分组，使用文本框控件统计每组记录的最大年龄，删除组页眉，并将统计结果显示在组页脚区。文本框控件命名为 tMax，宽 4 cm，高 0.6 cm，上边距为 0，左边距为 0.101 cm。

（4）将报表的记录数据按"编号"升序排列，并设置报表为两列报表。

（5）为报表中"年龄"字段设置条件格式，年龄介于 50 至 60 岁的数据显示为加粗、斜体、红色。

提示

第 2 小题：在 report 的设计视图中，将"属性表"中所选内容的类型更改为"工龄"，此时，主体节内名为"工龄"的文本框控件被选中。将"属性表"的选项卡切换至"数据"选项卡，利用 year、date 函数计算。

第 3 小题：单击"设计"选项卡"分组和汇总"组中的"分组和排序"按钮，弹出"分组、排序和汇总"窗口，如图 4-18 所示。

图 4-18 "分组、排序和汇总"窗口

单击"添加组"按钮，选择"选择字段"下拉列表中的"性别"字段，如图 4-19 所示。

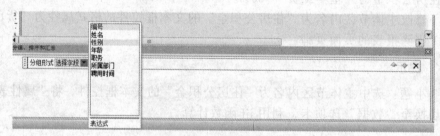

图 4-19 设置分组数据

单击"更多"按钮，打开更多选项。设置页眉节为"无页眉节"，页脚节为"有页脚节"，如图 4-20 所示。

图 4-20 设置页眉节和页脚节

在"性别"页脚区中添加一个文本框控件，根据题目要求调整该文本框控件的属性后，单击该控件，将"属性表"选项卡切换至"数据"选项卡，利用 max 函数计算。

第 4 小题：在"分组、排序和汇总"窗口中单击"添加排序"按钮，选择"选择字段"下拉列表中的"编号"字段，保持默认排序顺序，如图 4-21 所示。

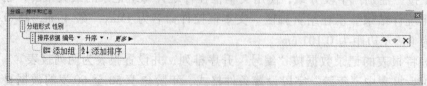

图 4-21 设置排序依据

在"页面设置"选项卡中单击"页面设置"按钮，弹出"页面设置"对话框，选择"列"选项卡，并设置列数为2，如图4-22所示。

图4-22 "页面设置"对话框

实验二

涉及的知识点

控件对齐、徽标、分组、汇总、计算控件的使用、页码格式。

操作要求

（1）打开素材文件夹 sc291602002 中的数据库文件 samp1.accdb，该数据库文件已经建立了以"查询 1"为数据源的报表对象 report。调整报表页眉区内名为 Label8 的标签控件的位置，要求右边对齐报表页面页眉区内名为"成绩_Label"的标签控件。

（2）使用图片 p4.jpg 作为徽标添加在报表的报表页眉区中，图片在素材文件夹 sc291602002 中。

（3）修改组页眉中的分组字段属性，要求按照"课程号"字段的前3个字符分组，使用汇总功能统计该类课程的选课人数，并在组页眉中显示小计。

（4）修改页面页脚区中名为 Text9 的文本框控件，要求显示系统日期，并设置格式为"长日期"。

（5）修改页面页脚区中名为 Text10 的文本框控件，要求显示页码，页码格式为"共3页/第1页"。

提示

第3小题：在"分组、排序和汇总"窗口中单击"更多"按钮，打开更多选项。单击"按整个值"下拉按钮，选择"自定义"选项，设置字符数为"3"，如图4-23所示。

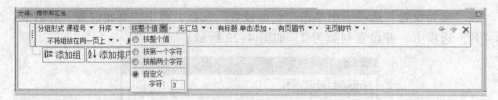

图 4-23　修改分组依据

单击"无汇总"下拉按钮，汇总方式选择"学号"、"类型"选择"值计数"，并勾选"在组页眉中显示小计"复选框，如图 4-24 所示（"类型"中的"值计数"选项统计的数据个数不包含空记录，而"记录计数"可统计所有数据的个数，包含空记录。）。

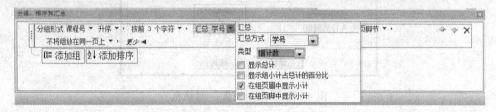

图 4-24　设置汇总依据

第 5 小题：选中页面页脚区中名为 Text10 的文本框控件，将"属性表"的选项卡切换至"数据"选项卡，利用[page]和[pages]计算。

实验三

涉及的知识点

标签控件的使用、删除报表页脚、计算控件的使用、分组、汇总、报表背景图片。

操作要求

（1）打开素材文件夹 sc291602003 中的数据库文件 samp1.accdb，该数据库文件已经建立了以"查询 1"为数据源的报表对象 report。修改页面页眉区内名为 Label32 标签控件的字体倾斜、居中对齐。

（2）删除报表页脚。

（3）修改报表主体节区中名为 Text33 的文本框控件，要求依据"姓名"字段计算并显示学生的"名"（假定姓名的第 1 个字符为姓氏，其余字符为名。）。

（4）按"姓名"字段分组，使用汇总功能统计每组记录的最低分，删除组页眉，并在组页脚中显示小计。

（5）在报表中添加背景图片 p2.jpg，图片在素材文件夹 sc291602003 中。

提示

第 2 小题：在 report 的设计视图中，将"属性表"中所选内容的类型更改为"报表页脚"，修改"高度"属性值为 0。

第 3 小题：选中主体节区中名为 Text33 的文本框控件，将"属性表"的选项卡切换至"数据"选项卡，利用 mid 函数计算。

第4小题：单击"设计"选项卡"分组和汇总"组中的"分组和排序"按钮，在弹出的"分组、排序和汇总"窗口中单击"添加组"按钮，选择"选择字段"下拉列表中的"姓名"字段。

单击"更多"按钮，打开更多选项。单击"无汇总"下拉按钮，汇总方式选择"成绩"、"类型"选择"最小值"，并勾选"在组页脚中显示小计"复选框，如图 4-25 所示。最后，设置页眉节为"无页眉节"。

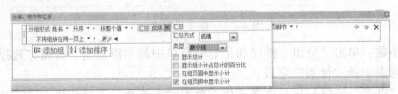

图 4-25　修改汇总依据

实验四

涉及的知识点

标签控件的使用、绑定控件、计算控件的使用、排序、分组、汇总。

操作要求

（1）打开素材文件夹 sc291602004 中的数据库文件 samp1.accdb，该数据库文件已经建立了以"01 教师"为数据源的报表对象 report。修改报表页眉区内名为 Label10 标签控件的名称为"标题"，特殊效果为"阴影"。

（2）将报表主体节区中名为"职称"的文本框显示内容设置为"职称"字段值。

（3）修改报表主体节区内名为 Check13 的复选框控件，要求依据"性别"字段和"学历"字段的值计算并显示状态信息（性别为"男"且学历为"博士"时显示为选中的打勾状态，否则显示为不选中的空白状态。）。

（4）将报表的记录数据先按"出生日期"升序排列，再按"工资"降序排列。

（5）按"性别"字段分组，使用汇总功能统计每组记录的工资总和，放在组页脚区，删除组页眉，并显示总计。

提示

第3小题：选中主体节区中名为 Check13 的复选框控件，将"属性表"的选项卡切换至"数据"选项卡，利用 iif 函数计算。

第4小题：单击"设计"选项卡"分组和汇总"组中的"分组和排序"按钮，在弹出的"分组、排序和汇总"窗口中单击"添加排序"按钮，选择"选择字段"下拉列表中的"出生日期"字段，保持默认排序顺序，如图 4-26 所示。

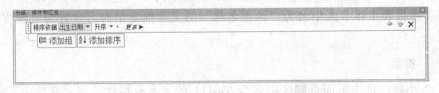

图 4-26　排序依据之一

再次单击"分组、排序和汇总"窗口中的"添加排序"按钮，选择"选择字段"下拉列表中的"工资"字段，单击"升序"下拉按钮，选择"降序"，如图 4-27 所示。

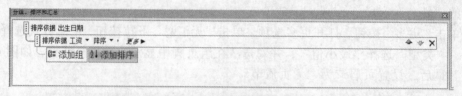

图 4-27　排序依据之二

第 5 小题：单击"分组、排序和汇总"窗口中的"添加组"按钮，选择"选择字段"下拉列表中的"性别"字段。

单击"更多"按钮，打开更多选项。单击"无汇总"下拉按钮，"汇总方式"选择"工资"、"类型"选择"合计"，并勾选"显示总计"复选框，如图 4-28 所示。最后，设置页眉节为"无页眉节"。

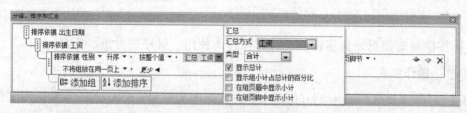

图 4-28　分组依据

实验五

🛡 涉及的知识点

报表页眉背景色、计算控件的使用、汇总、绑定控件。

📝 操作要求

（1）打开素材文件夹 sc291602005 中的数据库文件 samp1.accdb，该数据库文件已经建立了以"查询 1"为数据源的报表对象 report。修改报表页眉区的背景颜色为"Access 主题 3"，高 1 cm。

（2）修改页面页脚区中名为 Text11 的文本框控件，要求显示系统时间，并设置格式为"短时间"。

（3）修改页面页脚区中名为 Text12 的文本框控件，要求显示系统年、月，显示格式为×××年××月（不允许使用格式属性）。

（4）使用文本框控件统计每组记录的平均分，并将统计结果显示在组页脚区。文本框控件命名为 tAvg，宽 4 cm，高 0.6 cm，上边距为 0，左边距为 0.6 cm。

（5）将报表主体节区中名为"课程名称"的文本框显示内容设置为"课程名称"字段值。

✎ 提示

第 2 小题：选中页面页脚区中名为 Text11 的文本框控件，将"属性表"的选项卡切换至"数据"选项卡，利用 time 函数计算，并修改"格式"属性为"短时间"。

第 3 小题：选中页面页脚区中名为 Text12 的文本框控件，将"属性表"的选项卡切换至"数据"选项卡，利用 year、date、month 函数计算。

第 4 小题：在"分组、排序和汇总"窗口中，单击"更多"按钮，打开更多选项，设置页脚节为"有页脚节"。

在组页脚区添加一个文本框，根据题目要求设置完基本属性后，利用 avg 函数计算。

实验六

涉及的知识点

报表标题、控件对齐、页码格式、分组、计算控件的使用、子报表。

操作要求

（1）打开素材文件夹 sc291602006 中的数据库文件 samp1.accdb，该数据库文件已经建立了以"01 教师"为数据源的报表对象 report。将报表的标题设置为"教师信息表"。

（2）调整报表页面页脚区内名为 Text11 的文本框控件的位置和大小，要求上边对齐报表页面页脚区内名为 Text12 的文本框控件，且宽为 6 cm。

（3）修改页面页脚区中名为 Text12 的文本框控件，要求显示页码，页码格式为"页数–总页数"，如 1–3、2–3、3–3。

（4）将报表记录按姓氏分组，使用文本框控件显示出姓氏的信息（假定姓名的第 1 个字符为姓氏），并将结果显示在组页眉区。文本框控件命名为 tName，宽 4 cm，高 0.6 cm，上边距为 0，左边距为 0.6 cm。

（5）在报表的主体区创建子报表，子报表来源为"01 教师"表，子报表仅显示"民族""职称"和"学历"字段。

提示

第 3 小题：选中页面页脚区中名为 Text12 的文本框控件，将"属性表"的选项卡切换至"数据"选项卡，利用[page]和[pages]计算。

第 4 小题：单击"设计"选项卡"分组和汇总"组中的"分组和排序"按钮，在弹出的"分组、排序和汇总"窗口中单击"添加组"按钮，选择"选择字段"下拉列表中的"表达式"，如图 4–29 所示。

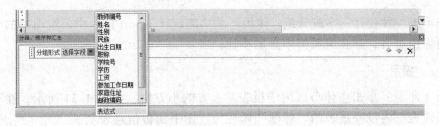

图 4–29　依据"表达式"分组

在"表达式生成器"对话框中输入"Left([姓名],1)",如图 4-30 所示,单击"确定"按钮。

图 4-30 "表达式生成器"对话框

然后,在组页眉区添加一个文本框,根据题目要求设置完基本属性后,在"控件来源"属性右侧的文本框中输入"=Left([姓名],1)"。

实验七

涉及的知识点

子报表标题、子报表背景图片、绑定控件、计算控件的使用、分组、统计。

操作要求

(1)打开素材文件夹 sc291602007 中的数据库文件 samp1.accdb,该数据库文件已经建立了以"02 图书"为数据源的报表对象 report 以及以"02 销售"为数据源的子报表对象"report 子报表"。设置子报表的标题为"图书销售信息表"。

(2)在子报表中添加背景图片 p2.jpg,图片在素材文件夹 sc291602007 中。

(3)将子报表主体节区中名为"售出日期"的文本框显示内容设置为"售出日期"字段值。

(4)修改子报表中页面页脚区中名为 Text9 的文本框控件,要求显示系统日期和时间。

(5)按"图书 ID"字段分组,使用汇总功能统计 report 报表中每组图书的平均单价,删除组页眉,并在组页脚中显示小计。

提示

第 1 小题:单击主体节区内子报表左上方的小方块,如图 4-31 所示,在子报表的"属性表"内设置报表的"标题"属性为"图书销售信息表"。

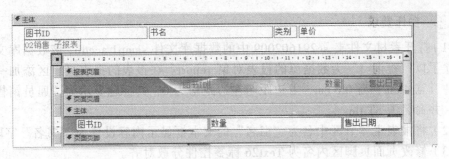

图 4-31 子报表操作

第 2 小题：单击主体节区内子报表左上方的小方块，在子报表的"属性表"内设置报表的"图片"属性为 p2.jpg。

实验八

涉及的知识点

图像控件的使用、计算控件的使用、绑定控件、分组、统计、条件格式。

操作要求

（1）打开素材文件夹 sc291602008 中的数据库文件 samp1.accdb，该数据库文件已经建立了以"03 工资"为数据源的报表对象 report。修改报表页眉区中名为"徽标"的图像控件的"图片对齐方式"属性为"中心"。

（2）修改主体节区中名为"津贴"的文本框控件，要求显示津贴额。计算公式为"津贴=基本工资*70%"。

（3）将报表主体节区中名为"住房公积金"的文本框显示内容设置为"住房公积金"字段值。

（4）将报表记录按年份分组，使用文本框控件显示出年份的信息，并将结果显示在组页眉区。文本框控件命名为 tYear，宽 4 cm，高 0.6 cm，上边距为 0，左边距为 0.101 cm。

（5）为报表中"住房公积金"字段设置条件格式，住房公积金大于等于 300 的数据显示为加粗、斜体、背景色为红色。

提示

第 4 小题：单击"设计"选项卡"分组和汇总"组中的"分组和排序"按钮，在弹出的"分组、排序和汇总"窗口中单击"添加组"按钮，选择"选择字段"下拉列表中的"表达式"。

在"表达式生成器"对话框中输入"Year([年月])"，单击"确定"按钮。

然后，在组页眉区添加一个文本框，根据题目要求设置完基本属性后，在"控件来源"属性右侧的文本框中输入"=Year([年月])"。

实验九

涉及的知识点

标签控件的使用、绑定控件、计算控件的使用、排序。

操作要求

（1）打开素材文件夹 sc291602009 中的数据库文件 samp1.accdb，该数据库文件已经建立了以"查询 1"为数据源的报表对象 report。在报表的报表页眉区添加一个标签控件，宽 4 cm，高 0.6 cm，上边距与左边距均为 0，其标题显示为"雇员销售情况表"，并命名为 bTitle。

（2）将报表主体节区中名为"书名"的文本框显示内容设置为"书名"字段值。

（3）修改页面页脚区内名为 Text26 标签控件分散对齐。

（4）修改报表页脚区中名为 Total 的文本框控件，要求统计显示的记录条数。

（5）将报表的记录数据先按"姓名"降序排列，再按"数量"升序排列。

提示

第 4 小题：选中报表页脚区中名为 Total 的文本框控件，将"属性表"的选项卡切换至"数据"，在"控件来源"属性右侧的文本框中输入"=count(*)"。

实验十

涉及的知识点

标签控件的使用、计算控件的使用、分组、汇总、排序、主体背景色。

操作要求

（1）打开素材文件夹 sc291602010 中的数据库文件"samp1.accdb"，该数据库文件已经建立了以"查询 1"为数据源的报表对象 report。修改报表页眉区中名为 bTitle 的标签控件的名称为"标题"，标题为"学院信息表"。

（2）修改报表页眉区中名为 Text18 的文本框控件，要求显示系统当前的日期是星期几，显示格式为"周*"。

（3）按"学院名称"的前 2 个字符分组，使用汇总功能统计 report 报表中每个学院的教师人数，并在组页眉中显示小计（显示格式为"该学院教师共*人"。）。

（4）将报表的记录数据按"教师编号"降序排列。

（5）修改主体的背景色为"Access 主题 7"。

提示

第 2 小题：选中报表页眉区中名为 Text18 的文本框控件，将"属性表"的选项卡切换至"数据"选项卡，利用 weekday、date 函数计算。

第 3 小题：单击"设计"选项卡"分组和汇总"组中的"分组和排序"按钮，在弹出的"分组、排序和汇总"窗口中单击"添加组"按钮，选择"选择字段"下拉列表中的"学院名称"。

单击"更多"按钮，打开更多选项。单击"按整个值"下拉按钮，选择"按前两个字符"，如图 4-32 所示。

单击"无汇总"下拉按钮，汇总方式选择"教师编号"、"类型"选择"值计数"，并勾选"在组页眉中显示小计"复选框，如图 4-33 所示。

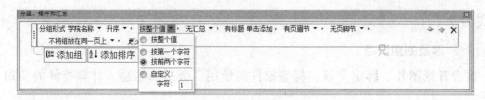

图 4-32　分组依据

图 4-33　汇总依据

修改组页眉中计算控件的"控件来源"属性为"="该学院教师共" & Count([教师编号]) & "人""。

实验十一

涉及的知识点

标签控件的使用、绑定字段、计算控件的使用、页码格式、分组、汇总。

操作要求

（1）打开素材文件夹 sc291602011 中的数据库文件 samp1.accdb，该数据库文件已经建立了以"01 教师"为数据源的报表对象 report。修改报表页眉区中名为 Label8 的标签控件的名称为"标题"，标题为"教师表"。

（2）将报表主体节区中名为"性别"的文本框显示内容设置为"性别"字段值，并将文本框名称更名为 tSex。

（3）在报表页脚节区位置添加一个计算控件，要求依据"出生日期"计算并显示教师的平均年龄，并保留 2 位小数（不允许使用格式属性）。计算控件放置在距上边 0.3 cm、距左侧 3.6 cm。

（4）修改页面页脚区中名为 Text10 的文本框控件，要求显示页码，页码格式为"第 1 页–共 1 页"。

（5）按"性别"字段分组，使用汇总功能依据"姓名"字段统计每组记录的人数，删除组页眉，并在组页脚中显示小计。

提示

第 3 小题：根据题目要求添加完文本框控件后，单击该控件，将"属性表"的选项卡切换至"数据"选项卡，利用 round、avg、year、date 函数计算。

第 4 小题：选中页面页脚区内名为 Text10 的文本框控件，将"属性表"的选项卡切换至"数据"选项卡，利用[page]和[pages]计算。

实验十二

涉及的知识点

报表背景图片、绑定字段、标签控件的使用、分组、汇总、计算控件的使用、排序。

操作要求

（1）打开素材文件夹 sc291602012 中的数据库文件 samp1.accdb，该数据库文件已经建立了以"01 学生"为数据源的报表对象 report。在报表中添加背景图片 p2.jpg，图片在素材文件夹 sc291602012 中。

（2）将报表主体节区中名为"出生日期"的文本框显示内容设置为"出生日期"字段值，并将文本框名称更名为 tBirth。

（3）按"性别"字段分组，使用文本框控件统计每组记录的最小年龄，删除组页眉，并将统计结果显示在组页脚区。文本框控件命名为 tMin，宽 4 cm，高 1 cm，上边距为 0，左边距为 0.6 cm。

（4）将报表的记录数据按"姓名"降序排列。

（5）修改报表页眉区内名为 Label10 的文本框控件的文字颜色为"深色文本"。

提示

第 3 小题：单击"设计"选项卡"分组和汇总"组中的"分组和排序"按钮，在弹出的"分组、排序和汇总"窗口中单击"添加组"按钮，选择"选择字段"下拉列表中的"性别"字段。

单击"更多"按钮，打开更多选项。设置页眉节为"无页眉节"，页脚节为"有页脚节"。

在性别页脚区中添加一个文本框控件，根据题目要求调整该文本框控件的属性后，单击该控件，将"属性表"的选项卡切换至"数据"选项卡，利用 min、year、date 函数计算。

实验十三

涉及的知识点

标签控件的使用、绑定字段 、计算控件的使用、分组、汇总、排序。

操作要求

（1）打开素材文件夹 sc291602013 中的数据库文件 samp1.accdb，该数据库文件已经建立了以"02 图书"为数据源的报表对象 report。修改报表页眉区内名为 Label10 的标签控件的文字颜色为"Access 主题 1"、边框样式为"点点画线"。

（2）将报表主体节区中名为"书名"的文本框显示内容设置为"书名"字段值，并将文本框名称更名为 BName。

（3）修改报表中报表页脚区中名为 Text13 的文本框控件，要求显示平均单价，并利用属性保留 2 位小数。

（4）按"类别"字段分组，使用汇总功能统计每组记录的单价总和，并在组页眉中显示小计（显示格式为"共*元"。）。

（5）将报表的记录数据按"书名"降序排列。

📎 提示

第 3 小题：选中报表页脚区内名为 Text13 的文本框控件，将"属性表"的选项卡切换至"数据"选项卡，利用 avg 函数计算。然后在该控件的"格式"属性右侧的文本框中选择"固定"，在"小数位数"属性右侧的文本框中输入"2"，如图 4-34 所示。

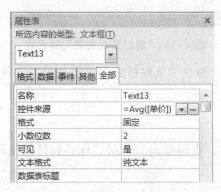

图 4-34　保留 2 位小数

实验十四

🔰 涉及的知识点

标签控件的使用、绑定字段、计算控件的使用、条件格式、排序。

📝 操作要求

（1）打开素材文件夹 sc291602014 中的数据库文件 samp1.accdb，该数据库文件已经建立了以"03 工资"为数据源的报表对象 report。修改报表页眉区内名为 Label12 的标签控件的字体粗细为"加粗"、字体大小为"18"、斜体。

（2）将报表主体节区中名为"基本工资"的文本框显示内容设置为"基本工资"字段值。

（3）修改报表页脚区中名为 Text14 的文本框控件，要求显示应发工资。计算公式为"应发工资=基本工资+津贴"。

（4）为报表中"年月"字段设置条件格式，2004 年前（含 2004 年）的数据加粗显示、字体颜色为橙色。

（5）将报表的记录数据先按"职工号"降序排列，再按"基本工资"升序排列。

📎 提示

第 4 小题：在报表的主体节中单击"年月"字段，单击"格式"选项卡"控件格式"组中的"条件格式"按钮，弹出"条件格式规则管理器"对话框。

单击"新建规则"按钮，弹出"编辑格式规则"对话框，在"编辑规则描述"处选择"表达式为""Year([年月])<2004",并且单击 **B**（加粗）、**A▼**（选择橙色）按钮，如图 4-35 所示。

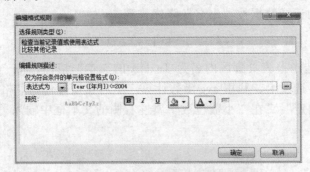

图 4-35 "编辑格式规则"对话框

单击"确定"按钮后，弹出"条件格式规则管理器"，再单击"应用"按钮即可。

实验十五

涉及的知识点

报表标题、绑定字段、页码格式、分组、标签控件的使用、控件对齐、排序。

操作要求

（1）打开素材文件夹 sc291602015 中的数据库文件 samp1.accdb，该数据库文件已经建立了以"查询 1"为数据源的报表对象 report。将报表的标题设置为"学生信息表"。

（2）将报表主体节区中名为"成绩"的文本框显示内容设置为"成绩"字段值，不保留小数（使用格式属性）。

（3）修改页面页脚区中名为 Text26 的文本框控件，要求显示页码，页码格式为"第 1 页"，文本右对齐。

（4）将"成绩"字段按每 10 分一档进行分组。

（5）在组页眉区添加一个标签控件，标签控件标题为"分数区间"，且左边对齐主体节区内名为"学号"的文本框控件，将报表的记录数据按"成绩"升序显示数据。

提示

第 4 小题：单击"设计"选项卡"分组和汇总"组中的"分组和排序"按钮，在弹出的"分组、排序和汇总"窗口中单击"添加组"按钮，选择"选择字段"下拉列表中的"成绩"。

单击"更多"按钮，打开更多选项。单击"按整个值"下拉按钮，选择"按 10 条"，如图 4-36 所示。

图 4-36 分组依据

实验十六

涉及的知识点

标签控件的使用、主体属性、分组、汇总、创建报表、子报表。

操作要求

（1）打开素材文件夹 sc291602016 中的数据库文件 samp1.accdb，该数据库文件已经建立了以"01 学生"为数据源的报表对象"report"。修改报表页眉区内名为 Label10 的标签控件的标题为"学生基本情况表"，宽为 5.6 cm、文本颜色为"突出显示"。

（2）修改主体的特殊效果为"凹陷"。

（3）将同一个季度出生的学生分成一组，使用文本框控件统计每组记录的人数，删除组页眉，并将统计结果显示在组页脚区。文本框控件命名为 tCount，宽 4 cm，高 1 cm，上边距为 0，左边距为 0.6 cm。

（4）利用报表向导创建一个基于"01 学生"表中"姓名"字段，"01 课程"表中"课程名称"字段，及"01 选课"表中"成绩"字段的报表，名称为"子报表"。

（5）将"子报表"添加到 report 的主体节区内。

提示

第 3 小题：单击"设计"选项卡"分组和汇总"组中的"分组和排序"按钮，在弹出的"分组、排序和汇总"窗口中单击"添加组"按钮，选择"选择字段"下拉列表中的"出生日期"。

单击"更多"按钮，打开更多选项。单击"按整个值"下拉列表，选择"按季度"；设置页眉节为"无页眉节"，页脚节为"有页脚节"，如图 4-37 所示。

图 4-37　分组依据

在组页脚区添加一个文本框，根据题目要求设置完基本属性后，利用 count 函数计算。

第 5 小题：利用向导创建完"子报表"报表后，在"所有 Access 对象"中单击选中"子报表"报表，将其直接拖放到主报表主体中的相应位置即可。

实验十七

涉及的知识点

删除报表页脚、绑定控件、页码格式、分组、汇总、报表背景图片。

操作要求

（1）打开素材文件夹 sc291602017 中的数据库文件 samp1.accdb，该数据库文件已经建立了以"03 工资"为数据源的报表对象 report。删除报表页脚。

（2）将报表主体节区中名为"津贴"的文本框显示内容设置为"津贴"字段值。

（3）修改页面页脚区中名为 Text30 的文本框控件，要求显示页码，页码格式为"第 1 页-共 2 页"。

（4）将"基本工资"字段按每 500 元一档进行分组，使用汇总功能统计每组记录的平均津贴，删除组页眉，并在组页脚中显示小计（显示格式为"平均津贴为*元"。）。

（5）在报表中添加背景图片 p2.jpg，图片在素材文件夹 sc291602017 中。

提示

第 3 小题：选中页面页脚区中名为 Text30 的文本框控件，将"属性表"的选项卡切换至"数据"选项卡，利用[page]和[pages]计算。

第 4 小题：单击"设计"选项卡"分组和汇总"组中的"分组和排序"按钮，在弹出的"分组、排序和汇总"窗口中单击"添加组"按钮，选择"选择字段"下拉列表中的"基本工资"。

单击"更多"按钮，打开更多选项。单击"按整个值"下拉列表，选择"自定义"，输入"500"，如图 4-38 所示。

图 4-38　分组依据

单击"无汇总"下拉按钮，汇总方式选择"津贴"、"类型"选择"平均值"，并勾选"在组页脚中显示小计"复选框，设置页眉节为"无页眉节"，页脚节为"有页脚节"，如图 4-39 所示。

图 4-39　汇总依据

利用 avg 函数修改组页脚中的文本框内容。

实验十八

涉及的知识点

添加报表页眉和页脚、标签控件的使用、计算控件的使用、分组、条件格式。

操作要求

（1）打开素材文件夹 sc291602018 中的数据库文件 samp1.accdb，该数据库文件已经建立了以"03 职工"为数据源的报表对象"report"。在报表中添加报表页眉、报表页脚节区。

（2）在报表页眉节区位置添加一个标签控件，其标题显示为"职员基本信息表"，并命名为 bTitle。该控件宽 3.6 cm，高 0.6 cm，上边距与左边距均为 0。

（3）修改报表中页面页眉区中名为 Text4 的文本框控件，要求显示系统时间。

（4）将"聘用时间"字段按"月"进行分组，并删除组页眉。

（5）在为报表中"年龄"字段设置条件格式，大于等于 55 岁的数据加粗显示、字体颜色为橙色。

实验十九

涉及的知识点

标签控件的使用、控件对齐、计算控件的使用、分组、汇总、删除页面页脚。

操作要求

（1）打开素材文件夹 sc291602019 中的数据库文件 samp1.accdb，该数据库文件已经建立了以"查询1"为数据源的报表对象 report。修改报表页眉区内名为 Auto_Header0 标签控件的标题为"职工信息表"，名称为 bTitle。

（2）将报表页面页脚区内名为 Text22 的文本框移动到主体节区，上边对齐主体节区的"基本工资"文本框，左边对齐页面页眉区的"失业保险"文本框。

（3）修改 Text22 的文本框控件，要求显示失业保险。计算公式为"失业保险=基本工资*10%"。

（4）按"部门名称"字段分组，使用文本框控件统计每组记录的最短工龄，删除组页眉，并将统计结果显示在组页脚区。文本框控件命名为 tMin，宽 4 cm，高 0.6 cm，上边距为 0，左边距为 0.101 cm。

（5）删除报表的页面页脚。

提示

第 4 小题：单击"设计"选项卡"分组和汇总"组中的"分组和排序"按钮，在弹出的"分组、排序和汇总"窗口中单击"添加组"按钮，选择"选择字段"下拉列表中的"部门名称"。

单击"更多"按钮，打开更多选项。设置页眉节为"无页眉节"，页脚节为"有页脚节"。

在组页脚区添加一个文本框，根据题目要求设置完基本属性后，利用 min、year、date 函数计算。

📚 4.3 综 合 练 习

实验一

涉及的知识点

标签控件的使用、计算控件的使用、插入页码、页码格式。

操作要求

（1）打开素材文件夹 sc291603001 中的数据库文件 sc291603009.accdb，其中已

经设计好表对象 tEmp 和报表对象 rEmp。试在此基础上按照以下要求补充报表 rEmp 的设计:在报表页眉处添加一个名为 bTitle 的标签控件,显示为"职工基本信息表"。

(2)设置 bTitle 控件宽度为 8 cm,高度为 1 cm,上边距为 0.6 cm,左边距为 3 cm; "bTitle"控件的标题文本为红色(#ED1C24)、加粗不倾斜、微软雅黑、20 号字体, 并在标签区域中居中显示。

(3)设置报表主体节区内 tSex 文本框控件的记录源按"性别"字段来显示信息: 当性别为 1 时,显示"男";性别为 2 时,显示"女"。

(4)在报表的页面页脚区添加一个控件,用以输出页码,命名为 tPage。该控件 宽度为 6 cm,高度为 0.8 cm,上边距为 0.3 cm,左边距为 4 cm,背景色为黄色 (#FFF200),文本对齐为居中。

(5)设置 tPage 控件中页码显示格式为"–当前页/总页数–",如–1/20–、–2/20–、…、 –20/20–等。

实验二

 涉及的知识点

标签控件的使用、计算控件的使用。

操作要求

(1)打开素材文件夹 sc291603002 中的数据库文件 sc291603010.accdb,其中已经设计 好两个表对象 tBand、tLine 和报表对象 rBand。试在此基础上按照以下要求补充报表 rBand 的设计:在报表页眉节区添加一个名称为 bTitle 的标签控件,显示为"团队旅游信息表"。

(2)设置 bTitle 控件宽度为 10 cm,高度为 0.6 cm,上边距为 0.5 cm,左边距为 3 cm; bTitle 控件的标题文本为绿色(#22B14C)、背景色为橙色(#FFC20E)、加粗不倾斜、 楷体、16 号字体,并在标签区域中居中显示。

(3)在"导游姓名"字段标题对应的报表主体节区添加一个控件,显示出"导游 姓名"字段值,并命名为 tName,该控件宽度为 1.8 cm,高度为 0.45 cm,上边距为 0, 左边距为 4 cm。

(4)在报表页脚区添加一个控件 bCount 用于计算团队数,宽度为 4.5 cm,高度 为 0.6 cm,上边距为 0.2 cm,左边距为 2.6 cm。

(5)依据"团队 ID"字段,在 bCount 控件中计算团队的个数,显示为"共××队"。

实验三

涉及的知识点

文本框控件的使用、标签控件的使用、计算控件的使用、页码格式。

操作要求

(1)打开素材文件夹 sc291603003 中的数据库文件 sc291603011.accdb,里面已经 设计好两个关联的表对象 tEmp、tSalary 和一个报表对象 rSalary,试按以下要求完成 对报表对象 rSalary 的设计:将文本框控件"工资"绑定到"工资"字段。

(2)在报表页眉区添加一个显示内容为"职工工资信息表"的标签控件,命名为

bTitle，宽度为 8 cm，高度为 1 cm，距离上边距 0.4 cm，距离左边距 5 cm，字体为黑体，22 号，文本对齐为居中，其他均为默认值。

（3）在报表页脚区和页面页脚各添加一个计算控件，命名为 tDate 和 tPage，均为：宽度 5 cm，高度 0.5 cm，位置为距上边距 0.2 cm，左边距 10 cm。

（4）设置 tDate 控件中的值为当前的系统日期的前一天。

（5）设置 tPage 用来显示页码，格式为"当前页/总页数"。

实验四

涉及的知识点

报表数据源、计算控件的使用、标签控件的使用、文本框控件的使用。

操作要求

（1）打开素材文件夹 sc291603004 中的数据库文件 sc291603012.accdb，里面已经设计好两个关联的表对象 tEmp、tSalary 和一个报表对象 rSalary，试按以下要求完成对报表对象 rSalary 的设计：为报表对象 rSalary 设定记录源为 tSalary。

（2）在 tS 控件中显示实发工资，公式为"实发工资=工资−水电房租费"。

（3）在报表页眉区添加一个显示内容为"职工工资信息表"的标签控件，命名为 bTitle，宽度为 8 cm，高度为 1 cm，距离上边距 0.4 cm，距离左边距 5 cm，字体为楷体，26 号，文本对齐为居中，加粗，字体颜色为红色，其他均为默认值。

（4）按工号汇总出每个员工"工资"的平均值，放在名为 tA 的计算控件中，在分组页脚中显示出工资的汇总信息，并设置控件宽度为 5 cm，高度为 1 cm，距离上边距 0.5 cm，距离左边距 12 cm。

（5）将"工号"文本框移动到组页眉中显示，设置上边距为 0.7 cm，左边距为 0.6 cm。

实验五

涉及的知识点

标签控件的使用、文本框控件的使用、页码格式、计算控件的使用。

操作要求

（1）打开素材文件夹 sc291603005 中的数据库文件 291603013.accdb，里面已经设计好两个关联的表对象 tScore、tStud 和一个报表对象 rScore，试按以下要求完成对报表对象 rScore 的设计：设置报表页眉区的 bTitle 字段中的字体为"华文新魏"，字号为 24，倾斜字体，颜色为#903C39。

（2）设置主体区中的 EnterTime 控件绑定到"入校时间"字段。

（3）在组页脚区添加一个计算型控件，用以统计成绩的最高分，控件名称为 tM，宽度为 3 cm，高度为 0.6 cm，距上边距 0.6 cm，左边距 14 cm。

（4）以"第*页"的格式在文本框 tP 中显示报表的当前页码，如"第 1 页""第 2 页"。

（5）在报表页眉区添加一个计算控件，显示系统的当前时间，控件名称为 tT，宽度为 3 cm，高度为 0.6 cm，上边距 0.6 cm，左边距 14 cm。

🏛 4.4 总结与分析

📖 常见题型

报表的排序和分组、条件格式、页码。

（1）设置报表按某字段排序：

打开报表的设计试图，设置工具栏上的"分组与排序"，选择排序字段，设置排序方式。

（2）页码。

1）将名为 tPage 的文本框控件设置为"页数/总页数"的页码显示，如（1/35，2/35）。

操作方法：添加一个文本框，在文本框的"控件来源"中输入"= [page]& "/" &[pages]"。

2）若上题改为显示"第*页/共*页"的页码显示形式呢？

操作方法：添加一个文本框，在文本框的"控件来源"中输入"= "第" &[page]& "页/共" &[pages]& " 页""。

3）若为系统日期呢？系统时间呢？

操作方法：添加一个文本框，在文本框的"控件来源"中输入"= date() /= time()"。使用函数时，记得带上括号()。

（3）条件格式：

选中需要设置条件的字段控件，打开"条件格式"窗格，输入条件，然后设置格式。

（4）按字段分组统计。

分组：打开报表的设计试图，设置工具栏上的"分组与排序"，选择分组字段（按整个值/按自定义字符），选择是否显示组页眉/组页脚。

统计：统计数据时添加的文本框控件在不同节区代表不同的意义。添加在组页脚区，代表对于每组数据的汇总信息；添加在报表页脚区，代表对于所有数据的汇总信息。

例如，学生表中的信息已按照姓氏分组，那么，一个求学生数量的文本框控件count([学号])放在组页脚中，得到的数据是每种姓氏的学生人数；放在报表页脚中，得到的数据是学生表中的总人数。

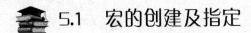

第5章

设计和创建宏

本章主要涉及的内容是宏的设计和创建，包括 10 个操作题。宏是一个或多个操作的集合，其中每个操作能够完成一个指定的动作，例如打开或关闭某个窗体。在 Access 中，宏可以是包含一系列操作的一个宏，也可以是由一些相关宏组成的宏组，使用条件表达式还可以确定在什么情况下运行宏，以及是否执行某个操作。

主要知识点

1．宏的种类

（1）单个宏。

（2）宏组。

（3）条件宏。

2．宏的基本操作

（1）创建宏：创建一个宏、创建宏组。

（2）在宏中使用条件。

（3）设置宏操作参数。

（4）常用的宏操作。

（5）运行宏：触发事件

3．宏的重命名

（1）重命名。

（2）自动运行的宏：autoexec。

5.1 宏的创建及指定

实验一

涉及的知识点

创建简单宏、在窗体上指定宏。

操作要求

（1）打开素材文件夹 sc291701001 中的数据库文件 samp1.accdb，已创建"学生基本情况"窗体，并按照以下要求完成操作：创建一个名为"主窗体"的窗体，在该窗体上添加一个命令按钮，设置名称为 Command0，标题为"打开学生基本情况窗体"。

（2）创建一个宏，其操作功能为打开"学生基本情况"窗体，并在窗体中只显示女学生的记录，命名为"宏1"。

（3）在"主窗体"上单击"打开学生基本情况窗体"按钮将打开"学生基本情况"窗体，并在窗体中只显示女学生的记录。

提示

第2小题：单击"创建"选项卡"宏"组中的"宏设计"按钮。创建"宏1"，添加 OpenForm 操作，并设置窗体名称：学生基本情况，视图：窗体，当条件：[性别]='女'；窗口模式：普通，如图 5-1 所示。

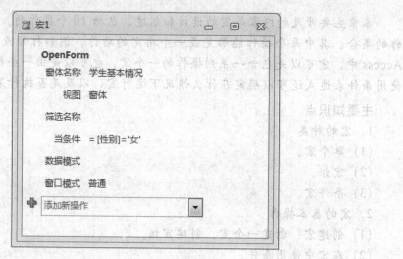

图 5-1　创建"宏"窗体

第3小题：打开"主窗体"的设计视图，单击 Command0，在属性表的"事件"选项卡中选择"单击"，在其右侧的下拉列表中选择"宏1"。

实验二

涉及的知识点

创建简单宏、在窗体上指定宏。

操作要求

（1）打开素材文件夹 sc291701002 中的数据库文件 samp1.accdb，里面已经设计好表对象"学生""选课"、查询对象"学生选课成绩查询"和宏对象"打开学生表"、"运行查询""关闭窗口"。请按以下要求完成设计：创建一个名为 menu 的窗体，要求如下：设置窗体标题为"主菜单"。

（2）对窗体进行如下设置：在距窗体左边 1 cm、距上边 0.6 cm 处，依次水平放置 3 个命令按钮："显示学生表"（名为 bt1）、"查询"（名为 bt2）和"退出"（名为 bt3），命令按钮的宽度均为 2 cm，高度为 1.5 cm，每个命令按钮相隔 1 cm。

（3）当单击"显示学生表"命令按钮时，运行宏"打开学生表"，即可浏览"学生"表。

（4）当单击"查询"命令按钮时，运行宏"运行查询"，即可启动查询"学生选课成绩查询"。

（5）当单击"退出"命令按钮时，运行宏"关闭窗口"，关闭 menu 窗体，返回数据库窗口。

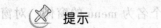 **提示**

第 1 小题：右击"窗体选择器"，从弹出的快捷菜单中选择"属性"命令，打开"属性表"窗格。单击"格式"选项卡，在"标题"行输入"主菜单"，关闭属性表。

第 2 小题：

步骤 1：单击"创建"选项卡"窗体"组中的"窗体设计"按钮。

步骤 2：单击"设计"选项卡"控件"组中的"按钮"控件，单击窗体适当位置，弹出"命令按钮向导"对话框，单击"取消"按钮。

步骤 3：右击该命令按钮，从弹出的快捷菜单中选择"属性"命令，在"属性表"窗格中，单击"全部"选项卡，在"名称"和"标题"行输入 bt1 和"显示学生表"，在"上边距""左边距""宽度"和"高度"行分别输入"0.6 cm""1 cm""2 cm"，"1.5 m"，关闭"属性表"窗格。

步骤 4：按步骤 2～3 新建两个命令按钮。左边距在 bt1 基础上累计加 3 cm。

第 3 小题：右击 bt1 按钮，从弹出的快捷菜单中选择"属性"命令。选择"事件"选项卡，在"单击"行列表中选中"打开学生表"，关闭"属性表"窗格。

第 4 小题：右击 bt2，从弹出的快捷菜单中选择"属性"命令。选择"事件"选项卡，在"单击"行右侧下拉列表中选中"运行查询"，关闭"属性表"窗口。

第 5 小题：右击 bt3，从弹出的快捷菜单中选择"属性"命令。选择"事件"选项卡，在单击行右侧下拉列表中选中"关闭窗口"，关闭"属性表"窗格。

📚 5.2 宏 的 运 行

实验一

🌐 **涉及的知识点**

创建宏、单步执行宏。

📝 **操作要求**

（1）打开素材文件夹 sc291702001 中的数据库文件 samp1.accdb，里面已经设计好表对象"学生""成绩表"和窗体对象"学生基本情况"。请按以下要求完成设计：创建一个宏，命名为"单步执行宏"，功能为打开"学生基本情况"窗体和"成绩表"。

（2）采用单步执行该宏，并查看结果。

🎯 **提示**

第 2 小题：打开"单步执行宏"的设计视图，单击"单击"按钮，再单击"运行"

按钮，可逐一执行宏中的操作。

实验二

 涉及的知识点

创建宏、从一个宏中运行另一个宏。

操作要求

（1）打开素材文件夹 sc291702002 中的数据库文件 samp1.accdb，里面已经设计好表对象"学生""课程"表，窗体对象"学生基本情况"和宏对象"宏1"。请按以下要求完成设计：创建一个宏，命名为"运行宏"，功能为运行"宏1"，然后再以"只读模式"打开"课程"表。

（2）运行并查看宏的结果。

提示

第1小题：运行"宏1"需添加 RunMacro 操作。

实验三

 涉及的知识点

设置自动运行宏。

操作要求

（1）打开素材文件夹 sc291702003 中的数据库文件 samp1.accdb，里面已经设计好表对象"学生""课程"，窗体对象"学生基本情况""主窗体"和宏对象"宏1"。请按以下要求完成设计：将"宏1"设置为自动运行宏。

（2）运行并查看宏的结果。

提示

第1小题：将"宏1"重命名为 Autoexec 即可设置为自动运行宏。

5.3 宏组的创建与应用

实验一

涉及的知识点

创建宏组、在窗体上指定宏组中的宏。

操作要求

（1）打开素材文件夹 sc291703001 中的数据库文件 samp1.accdb，里面已经设计好表对象"学生""教师""课程""院部"和窗体对象"学生基本情况""教师基本情况"和"课程安排"。请按以下要求完成设计：创建一个名为 menu 的窗体，对窗体进行如下设置：设置窗体标题为"主菜单"。在距窗体左边 1 cm、距上边 0.6 cm 处，依次水平放置 3 个命令按钮："学生基本情况"（名为"bt1"）、"教师基本情况"（名为 bt2）和"课程安排"（名为 bt3），命令按钮的宽度均为 2 cm，高度为 1.5 cm，每个命令按钮相隔 1 cm。

（2）创建一个宏组，命名为 open，其中包含 3 个宏，分别用于实现打开数据库中的"学生基本情况""教师基本情况"和"课程安排"窗体。

（3）当单击"学生基本情况"命令按钮时，运行宏组，即可打开"学生基本情况"窗体。

（4）当单击"教师基本情况"命令按钮时，运行宏组，即可打开"教师基本情况"窗体。

（5）当单击"课程安排"命令按钮时，运行宏组，即可打开"课程安排"窗体。

提示

第 2 小题：单击"创建"选项卡"宏"组中的"宏设计"按钮。创建宏组 open，添加 Submacro 操作，如图 5-2 所示，设置子宏：a，添加新操作：OpenForm，窗体名称：学生基本情况。设置子宏：b，添加新操作：OpenForm，窗体名称：教师基本情况。设置子宏：c，添加新操作：OpenForm，窗体名称：课程安排。

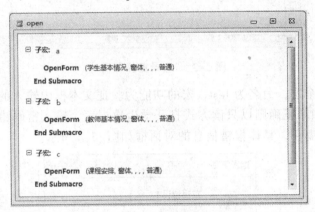

图 5-2　创建宏组

第 3 小题：右击 bt1 按钮，从弹出的快捷菜单中选择"属性"命令。选择"事件"选项卡，在"单击"行列表中选中 open.a，关闭"属性表"窗格。

第 4 小题：右击 bt2 按钮，从弹出的快捷菜单中选择"属性"命令。选择"事件"选项卡，在"单击"行列表中选中 open.b，关闭"属性表"窗格。

第 5 小题：右击 bt3 按钮，从弹出的快捷菜单中选择"属性"命令。选择"事件"选项卡，在"单击"行列表中选中 open.c，关闭"属性表"窗格。

 5.4 条 件 宏

实验一

涉及的知识点

设计窗体、创建条件宏、在窗体上指定宏。

📝 **操作要求**

（1）打开素材文件夹 sc291704001 中的数据库文件 samp1.accdb，请按以下要求完成设计：创建一个名为"登录窗体"的窗体，对窗体进行如下设置：在窗体主体节区添加一个文本框，其名称为 psw，在文本框下方添加一个命令按钮，命名为 Ok，按钮标题为"确定"，如图 5-3 所示。

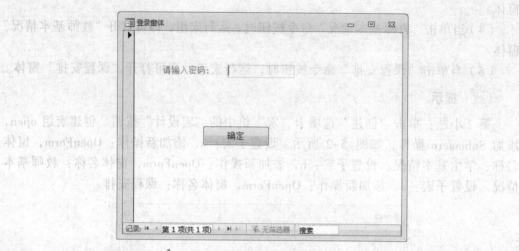

图 5-3 "登录窗体"窗体

（2）创建一个宏，命名为 test，宏的功能为验证文本框中输入的密码是否为正确密码（123），如果正确则以只读方式打开学生数据表，输入密码错误则会弹出报错信息，并发出嘟嘟声，具体报错信息的对话框如图 5-4 所示。

图 5-4 "报错信息"对话框

（3）设置按钮属性，实现当单击"确定"按钮时，运行宏 test。

✍ **提示**

第 2 小题：单击"创建"选项卡"宏"组中的"宏设计"按钮。创建宏 test，添加 If 操作，设置条件表达式：[Forms]![登录窗体]![psw]="123"，此次宏中需要引用窗体或报表中的对象值，需使用以下引用格式：[Forms]![窗体名]![对象名]或者[Forms]（"窗体名"）（"对象名"），[Reports]![报表名]![对象名]或者[Reports]（"报表名"]）（"对象名"）。当条件为真时，添加操作 OpenTable；条件为假时，添加 Else，并添加操作 MessageBox，具体如图 5-5 所示。

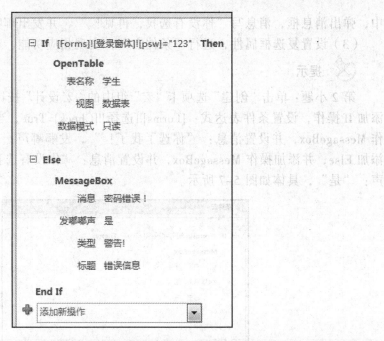

图 5-5　test 宏设计界面

第 3 小题：右击 OK 按钮，从弹出的快捷菜单中选择"属性"命令。选择"事件"选项卡，在"单击"行列表中选中 test，关闭"属性表"窗格。

实验二

涉及的知识点

设计窗体、创建条件宏、在窗体上指定宏。

操作要求

（1）打开素材文件夹 sc291704002，在里面创建一个空数据库文件 samp.accdb。并按以下要求完成设计：创建一个名为"选择"的窗体，并对窗体进行设置，在窗体主体节区添加一个复选框，其名称为 check，如图 5-6 所示。

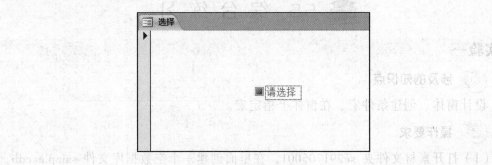

图 5-6　"选择"窗体

（2）创建一个宏，命名为"条件宏"，宏的功能为当复选框 check 被选中时，弹出消息框，消息写"你选了我了！"，并发出嘟嘟声；反之如果复选框 check 未被选中，弹出消息框，消息写"你没有选我，再见！"，并发出嘟嘟声。

（3）设置复选框属性，运行"条件宏"，实现相应功能。

 提示

第 2 小题：单击"创建"选项卡"宏"组中的"宏设计"按钮。创建宏"条件宏"，添加 If 操作，设置条件表达式：[Forms]![选择]![Check]=True，当条件为真时，添加操作 MessageBox，并设置消息："你选了我了！"，发嘟嘟声："是"；条件为假时，添加 Else，并添加操作 MessageBox，并设置消息："你没有选我，再见！"，发嘟嘟声："是"，具体如图 5-7 所示。

图 5-7 "条件宏"设计界面

第 3 小题：单击 check 复选框，在"属性表"窗格中选择"事件"选项卡，在"更新后"行列表中选中"条件宏"，关闭"属性表"窗格。

5.5 综合练习

实验一

涉及的知识点

设计窗体、创建条件宏、在窗体上指定宏。

操作要求

（1）打开素材文件夹 sc291705001，在里面创建一个空数据库文件 samp.accdb，并按以下要求完成设计：创建一个名为"选择"的窗体，对窗体进行如下设置：在窗体主体节区添加两个复选框，其名称为 check1、check2；再添加一个命令按钮，命名为 bt，标题为"确定"，如图 5-8 所示。

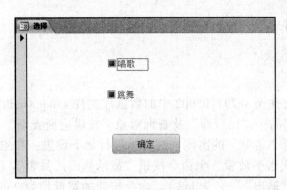

图 5-8 "选择"窗体

（2）创建一个宏，命名为"条件宏"，宏的功能为当复选框 check1 和 check2 同时被选中时，弹出消息框，消息设置为"又唱歌又跳舞"；当复选框 check1 被选中，check2 没有被选中时，弹出消息框，消息设置为"只唱歌不跳舞"；当复选框 check1 没有被选中，check2 被选中时，弹出消息框，消息设置为"不唱歌只跳舞"；当复选框 check1 和 check2 都没被选中时，弹出消息框，消息设置为"不唱歌不跳舞"。

（3）设置按钮属性，实现当单击"确定"按钮时，运行"条件宏"。

 提示

第 2 小题：单击"创建"选项卡"宏"组中的"宏设计"按钮。创建宏"条件宏"，添加 If 操作，设置条件表达式：[Forms]![选择]![Check1]=True And [Forms]![选择]![Check2]=True，当条件为真时，添加操作 MessageBox，并设置消息："又唱歌又跳舞"，其他参数使用默认设置；不满足上述条件时，添加 Else If，设置条件表达式：[Forms]![选择]![Check1]=True And [Forms]![选择]![Check2]=False，并添加操作 MessageBox，并设置消息："只唱歌不跳舞"，其他参数使用默认设置；还不满足上诉条件时，添加 Else If，设置条件表达式：[Forms]![选择]![Check1]=False And [Forms]![选择]![Check2]=True，并添加操作 MessageBox，并设置消息："不唱歌只跳舞"，其他参数使用默认设置；以上条件都不满足时，添加 Else，并添加操作 MessageBox，并设置消息："不唱歌不跳舞"，其他参数使用默认设置；具体如图 5-9 所示。

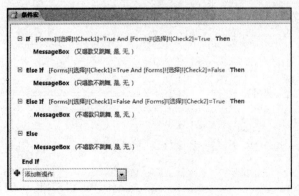

图 5-9 "条件宏"设计界面

第 3 小题：单击 bt 按钮，在"属性表"窗格中选择"事件"选项卡，在"单击"

行列表中选中"条件宏"，关闭属性窗口。

实验二

操作要求

（1）打开素材文件夹 sc291705002 中的数据库文件 samp.accdb，该数据库文件已经建立了表对象"产品""供应商"及查询对象"按供应商查询"。按以下要求完成设计：创建一个名为"菜单"的窗体，对窗体进行如下设置：在主体区距左边 1 cm、距上边 0.6 cm 处依次水平放置 3 个命令按钮"显示修改产品表"（名为 bt1）、"查询"（名为 bt2）和"退出"（名为 bt3），命令按钮的宽度均为 2 cm，高度为 1.5 cm，每个命令按钮相隔 1 cm。

（2）创建宏对象"打开产品表"，宏的功能为打开"产品"表，当单击"菜单"窗体中的"显示修改产品表"按钮时，运行宏"打开产品表"。

（3）创建宏对象"运行查询"，宏的功能为启动查询"按供应商查询"，当单击"菜单"窗体中的"查询"按钮时，运行宏"运行查询"。

（4）创建宏对象"关闭窗口"，宏的功能为关闭"菜单"窗体，返回数据库窗口，当单击"菜单"窗体中的"退出"按钮时，运行宏"关闭窗口"。

5.6 总结与分析

理解宏的概念：宏是由一个或多个操作组成的集合，其中每个操作能够自动地实现特定的功能。如打开窗体，关闭窗体，打印报表等。通过执行宏，Access 能自动执行一连串的操作。

自动执行宏：选中宏，右击，选择"重命名"命令，命名为 autoexe。

创建宏：重点掌握 OpenForm（重中之重）、OpenReport、OpenQuery、Close、Msgbox、Beep。

第 6 章

模块与 VBA

本章主要涉及的内容是模块的设计和创建，包括 14 个操作题。模块是 Access 系统中的一个重要对象，它以 VBA（Visual Basic Application）语言为基础编写，以函数过程（Function）和子过程（Sub）为单元的集合方式存储，分为类模块和标准模块。

VBA 是 Microsoft Office 套装软件的内置编程语言，其语法与 Visual Basic 编程语言互相兼容。在 Access 程序设计中，当某些操作不能用其他 Access 对象实现或实现起来很困难时，就可以利用 VBA 语言编写代码，完成这些复杂任务。

主要知识点

1．模块的基本概念

（1）类模块。

（2）标准模块。

（3）将宏转换为模块。

2．创建模块

（1）创建 VBA 模块：在模块中加入过程，在模块中执行宏。

（2）编写事件过程：键盘事件，鼠标事件，窗口事件，操作事件和其他事件。

3．VBA 过程：调用和参数传递。

4．VBA 程序设计基础

（1）面向对象程序设计的基本概念。

（2）VBA 编程环境：进入 VBE 界面。

（3）VBA 编程基础：常量，变量，表达式。

（4）VBA 程序流程控制：顺序结构，选择结构，循环结构。

（5）VBA 程序的调试：设置断点，单步跟踪，设置监视点。

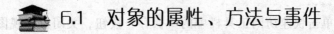

6.1 对象的属性、方法与事件

实验一

涉及的知识点

设置对象的属性。

操作要求

打开素材文件夹 sc291706001 中的数据库文件 samp3.accdb，其中存在已经设计好的表对象 tEmployee，同时还有以 tEmployee 为数据源的窗体对象 fEmployee。请在此基础上按照以下要求补充窗体设计：窗体加载时，将"Tda"标签标题设置为"YYYY年雇员信息"，其中"YYYY"为系统当前年份（要求使用相关函数获取），例如，2016 年雇员信息。窗体"加载"事件代码已提供，请补充完整。

 提示

步骤 1：右击"窗体选择器"，从弹出的快捷菜单中选择"事件生成器"命令。
步骤 2：在空行内输入代码。

```
'*****Add1*****
Tda.Caption=Year(Date()) & "年雇员信息"
'*****Add1*****
```

单击"保存"按钮，关闭界面。

实验二

 涉及的知识点

设置对象的属性。

 操作要求

（1）打开素材文件夹 sc291706002 中的数据库文件 samp3.accdb，里面已经设计好表对象 tBorrow、tReader 和 tBook，查询对象 qT，窗体对象 fReader，报表对象 rReader。请在此基础上按以下要求补充设计：窗体加载时设置窗体标题属性为系统当前日期。窗体"加载"事件的代码已提供，请补充完整。

（2）不允许修改窗体对象 fReader 中未涉及的控件和属性；不允许修改表对象 tBorrow、tReader 和 tBook 及查询对象 qT；不允许修改报表对象 rReader 的控件和属性。程序代码只能在"*****Add*****"与"*****Add*****"之间的空行内补充一行语句，完成设计，不允许增删和修改其他位置已存在的语句。

 提示

步骤 1：在窗体属性表的"事件"选项卡中，单击"加载"右侧的"选择生成器"按钮，选择"代码生成器"进入编程环境。
步骤 2：在空行内输入代码。

```
'*****Add*****
Form.Caption = Date()
'*****Add*****
```

关闭界面，单击快速访问工具栏中的"保存"按钮，关闭设计视图。

实验三

 涉及的知识点

设置对象的属性。

操作要求

（1）打开素材文件夹 sc291706003 中的数据库文件 samp3.accdb，其中存在已经设计好的表对象 tAddr 和 tUser，同时还有窗体对象 fEdit 和 fEuser。请在此基础上按照以下要求补充"fEdit"窗体的设计：窗体中有"修改"和"保存"两个命令按钮，名称分别为"CmdEdit"和"CmdSave"，其中"保存"命令按钮的初始状态为不可用，当单击"修改"按钮后，应使"保存"按钮变为可用。现已编写了部分 VBA 代码，请按照 VBA 代码中的指示将代码补充完整。

（2）要求：修改后运行该窗体，并查看修改结果。

（3）注意：不能修改窗体对象"fEdit"和"fEuser"中未涉及的控件、属性；不能修改表对象 tAddr 和 tUser。程序代码只允许在"**********"与"**********"之间的空行内补充一行语句、完成设计，不允许增删和修改其他位置已存在的语句。

提示

步骤 1：在设计视图中右击命令按钮"修改"，从弹出的快捷菜单中选择"事件生成器"命令，在空行内输入代码：

```
******* 请在下面添加一条语句 *****
CmdSave.Enabled = True
************************
```

关闭界面，单击快速访问工具栏中的"保存"按钮，关闭设计视图。

实验四

涉及的知识点

设置对象的属性、对象的事件。

操作要求

（1）打开素材文件夹 sc291706004 中的数据库文件 samp3.accdb，其中存在已经设计好的表对象 tCollect、查询对象 qT，同时还有以 tCollect 为数据源的窗体对象 fCollect。请在此基础上按照以下要求补充窗体设计：在窗体页脚节区添加一个命令按钮，命名为"bC"，按钮标题为"改变颜色"。

（2）设置命令按钮 bC 的单击事件，单击该命令按钮后，CDID 文本框内的内容显示颜色改为红色。要求用 VBA 代码实现。

（3）不能修改窗体对象"fCollect"中未涉及的控件和属性；不能修改表对象 tCollect 和查询对象 qT。

提示

第 3 小题：

步骤 1：右击命令按钮 bC，选择"事件生成器"命令，从弹出的"选择生成器"对话框中选择"代码生成器"，单击"确定"按钮，在空行内输入代码"CDID.ForeColor = vbRed"，关闭界面。

步骤 2：按【Ctrl+S】组合键保存修改，关闭设计视图。

实验五

 涉及的知识点

设置对象的方法。

操作要求

（1）打开素材文件夹 sc291706005 中的数据库文件"教学管理.accdb"，打开"学生"窗体。

（2）设置该窗体内的 cmd1 命令按钮的单击事件过程为以预览视图打开"学生"报表。

（3）以原文件名保存该窗体。

提示

步骤 1：右击命令按钮 cmd1，选择"事件生成器"命令，从弹出的"选择生成器"对话框中选择"代码生成器"，单击"确定"按钮，在空行内输入代码"DoCmd.OpenReport "学生", acViewPreview"，关闭界面。

步骤 2：按【Ctrl+S】组合键保存修改，关闭设计视图。

实验六

 涉及的知识点

设置对象的方法。

操作要求

（1）打开素材文件夹 sc291706006 中的数据库文件"教学管理.accdb"，打开"学生"窗体。

（2）设置该窗体内的 cmd1 命令按钮的单击事件过程为关闭"学生"窗体。

（3）以原文件名保存该窗体。

提示

步骤 1：右击命令按钮 cmd1，选择"事件生成器"命令，从弹出的"选择生成器"对话框中选择"代码生成器"，单击"确定"按钮，在空行内输入代码 DoCmd.Close，关闭界面。

步骤 2：按【Ctrl+S】组合键保存修改，关闭设计视图。

 6.2 常 用 函 数

实验一

 涉及的知识点

应用输出函数。

操作要求

（1）打开素材文件夹 sc291707001 中的数据库文件"教学管理.accdb"，打开"学生"窗体。

（2）设置该窗体内的 cmd1 命令按钮的单击事件过程为弹出一个对话框提示"你好！"。

（3）以原文件名保存该窗体。

提示

步骤1：右击命令按钮 cmd1，选择"事件生成器"命令，从弹出的"选择生成器"对话框中选择"代码生成器"，单击"确定"按钮，在空行内输入代码"MsgBox "你好！""，关闭界面。

步骤2：按【Ctrl+S】组合键保存修改，关闭设计视图。

实验二

涉及的知识点

应用输出函数。

操作要求

（1）打开素材文件夹 sc291707002 中的数据库文件 samp3.accdb，里面已经设计好表对象 tAddr 和 tUser，同时还设计出窗体对象 fEdit 和 fEuser。请在此基础上按以下要求补充"fEdit"窗体的设计：在窗体中有"修改"和"保存"两个命令按钮，名称分别为"CmdEdit"和"CmdSave"，其中"保存"命令按钮的初始状态为不可用，当单击"修改"按钮后，"保存"按钮变为可用，同时在窗体的左侧显示出相应的信息和可修改的信息。如果在"口令"文本框中输入的内容与在"确认口令"文本框中输入的内容不相符，当单击"保存"按钮后，屏幕上应弹出如图 6-1 所示的提示框。现已编写了部分 VBA 代码，请按照 VBA 代码中的指示将代码补充完整。

图6-1 提示框

（2）修改后运行该窗体，并查看修改结果。注意：不要修改窗体对象 fEdit 和 fEuser 中未涉及的控件、属性；不要修改表对象 tAddr 和 tUser。程序代码只能在"*****Add*****"与"*****Add*****"之间的空行内补充一行语句，完成设计，不允许增删和修改其他位置已存在的语句。

提示

步骤1：在设计视图中右击命令按钮"修改"，从弹出的快捷菜单中选择"事件生成器"命令，在空行内输入代码。

```
********Add********
MsgBox "请重新输入口令！"
********Add********
```

步骤2：关闭界面，单击快速访问工具栏中的"保存"按钮，关闭设计视图。

6.3 流程控制语句

实验一

涉及的知识点：

分支结构的应用。

操作要求

（1）打开素材文件夹 sc291708001 中的数据库文件 samp3.accdb，里面已经设计了表对象 tEmp、窗体对象 fEmp、报表对象 rEmp 和宏对象 mEmp。同时，给出窗体对象 fEmp 上一个按钮的单击事件代码，请按以下功能要求补充设计：单击"报表输出"按钮（名为"bt1"），事件代码会弹出图 6-2 显示的消息框提示，选择是否进行预览报表"rEmp"；单击"退出"按钮（名为"bt2"），调用设计好的宏"mEmp"以关闭窗体。

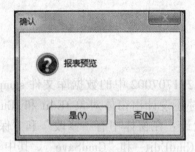

图 6-2　提示框

（2）不要修改数据库中的表对象 tEmp 和宏对象 mEmp；不要修改窗体对象 fEmp 和报表对象 rEmp 中未涉及的控件和属性。程序代码只允许在"*****Add*****"与"*****Add*****"之间的空行内补充一行语句、完成设计，不允许增删和修改其他位置已存在的语句。

提示

步骤 1：选中"窗体"对象，右击 fEmp，在弹出的快捷菜单中选择"设计视图"命令。

步骤 2：右击按钮"报表输出"，在弹出的快捷菜单中选择"事件生成器"命令，输入以下代码。

```
'*****Add*****
if MsgBox ("报表预览", vbYesNo+ vbQuestion, "确认")=vbYes Then
'*****Add*****
```

步骤 3：右击命令按钮"退出"，在弹出的快捷菜单中选择"属性"命令，在"事件"选项卡的"单击"行右侧下拉列表中选中 mEmp，按【Ctrl+S】组合键保存修改，关闭属性表，关闭设计视图。

实验二

涉及的知识点

循环结构的应用、VBA过程调用。

操作要求

（1）打开素材文件夹 sc291708002 中的数据库文件 samp3.accdb，里面已经设计了表对象 tEmp、窗体对象 fEmp、报表对象 rEmp 和宏对象 mEmp。试在此基础上按照以下要求补充设计：在"fEmp"窗体上单击"输出"命令按钮（名为"btnP"），实现以下功能：计算 10000 以内的素数个数及最大素数两个值，将其显示在窗体上名为"tData"的文本框内并输出到外部文件保存；

（2）设置"打开表"命令按钮（名为 btnQ）为"可用"，单击"打开表"命令按钮，代码调用宏对象 mEmp 以打开数据表 tEmp。

（3）试根据上述功能要求，对已给的命令按钮事件过程进行代码补充并调试运行。注意：不允许修改数据库中的表对象 tEmp 和宏对象 mEmp；不允许修改窗体对象 fEmp 和报表对象 rEmp 中未涉及的控件和属性；只允许在"*****Add*****"与"****Add******"之间的空行内补充语句、完成设计，不允许增删和修改其他位置已存在的语句。

提示

步骤1：选择窗体设计视图中的"输出"按钮，右击选择"属性"。

步骤2：单击"事件"选项卡中"单击"右边的…按钮，打开代码生成器。

计算 10 000 以内的素数个数及最大素数两个值的语句为：

```
For i=2 To 10000
If sushu(i) Then
n=n+1
If i>mn Then
mn=i
End If
End If
Next i
```

步骤3：右击窗体设计视图中的"打开表"按钮，选择"属性"命令，单击"数据"选项卡中"可用"右侧的下拉列表，选择"是"。代码调用宏对象 mEmp 的语句为 DoCmd.RunMacro "mEmp"，关闭代码生成器，关闭属性表。

步骤4：最后保存并运行该窗体。

 ## 6.4 VBA 过程

实验一

涉及的知识点

Sub（子程序）过程调用。

操作要求

（1）打开素材文件夹 sc291709001 中的数据库文件 samp3.accdb，里面已经设计了表对象 tEmp、窗体对象 fEmp、宏对象 mEmp 和报表对象 rEmp。同时，给出窗体对象 fEmp 的"加载"事件和"预览"及"打印"两个命令按钮的单击事件代码，请按以下功能要求补充设计：在窗体"fEmp"的"加载"事件中设置标签"bTitle"以红色文本显示；单击"预览"按钮（名为"bt1"）或"打印"按钮（名为"bt2"），事件过程传递参数调用同一个用户自定义代码（mdPnt）过程，实现报表预览或打印输出；单击"退出"按钮（名为"bt3"），调用设计好的宏"mEmp"以关闭窗体；

（2）不要修改数据库中的表对象 tEmp 和宏对象 mEmp；不要修改窗体对象 fEmp 和报表对象 rEmp 中未涉及的控件和属性。程序代码只允许在"*****Add*****"与"*****Add*****"之间的空行内补充一行语句、完成设计，不允许增删和修改其他位置已存在的语句。

提示

步骤 1：用设计视图打开窗体 fEmp，右击窗体，选择"事件生成器"命令，在弹出的对话框中选择"代码生成器"，进入编码环境。

步骤 2：在空行内分别输入以下代码：

```
'*****Add1*****'
bTitle.ForeColor=vbRed
'*****Add1*****'
'*****Add2*****'
mdPnt (acViewPreview)
'*****Add2*****'
'*****Add3*****'
mdPnt (acViewNormal)
'*****Add3*****'
```

步骤 3：右击"退出"按钮，选择"属性"命令，在"属性表"窗格的"事件"选项卡的"单击"下拉列表中选择 mEmp，关闭属性表。

步骤 4：保存修改，关闭设计视图。

实验二

涉及的知识点

Function（函数）过程调用。

操作要求

（1）打开素材文件夹 sc291709002 中的数据库文件 samp.accdb，里面已经设计了窗体对象"窗体 1"。同时，已给出"窗体 1"上命令按钮"输入"单击事件的部分代码，请按以下功能要求补充设计：单击"输入"按钮，弹出输入对话框，对话框上的提示信息为"请输入半径："。

（2）输入半径后，文本框 text0 中显示计算后的圆面积。

6.5 综合练习

实验一

操作要求

（1）打开素材文件夹 sc291710001 中的数据库文件 samp3.accdb，里面已经设计了表对象 tEmp、窗体对象 fEmp、报表对象 rEmp 和宏对象 mEmp。试在此基础上按照以下要求补充设计：根据以下窗体功能要求，对已给的命令按钮事件过程进行补充和完善。在"fEmp"窗体上单击"输出"命令按钮（名为"btnP"），弹出一个输入对话框，其提示文本为"请输入大于 0 的整数"。

（2）输入 1 时，相关代码关闭窗体（或程序）。

（3）输入 2 时，相关代码实现预览输出报表对象"rEmp"。

（4）输入 >= 3 时，相关代码调用宏对象"mEmp"以打开数据表"tEmp"。

（5）不要修改数据库中的宏对象"mEmp"；不要修改窗体对象"fEmp"和报表对象"rEmp"中未涉及的控件和属性；不要修改表对象"tEmp"中未涉及的字段和属性。程序代码只允许在"*****Add*****"与"*****Add*****"之间的空行内补充一行语句、完成设计，不允许增删和修改其他位置已存在的语句。

提示

步骤 1：右击命令按钮"输出"，从弹出的快捷菜单中选择"事件生成器"命令，在空行内输入以下代码。

```
Private Sub btnP Click()
Dim k As String
'*****Add1*****
k=InputBox("请输入大于 0 的整数")
'*****Add1*****
If k="" Then Exit Sub
Select Case Val(k)
    Case Is>=3
        DoCmd.RunMacro "mEmp"
    Case 2
        '*****Add2*****
        DoCmd.OpenReport "remp", acViewPreview
        '*****Add2*****
    Case 1
        DoCmd.Close
End Select
End Sub
```

步骤 2：关闭代码生成器，按【Ctrl+S】组合键保存修改，关闭设计视图。

实验二

操作要求

（1）打开素材文件夹 sc291710002 中的数据库文件 samp3.accdb，里面已经设计了表对象 tEmp 和窗体对象 fEmp。同时，给出窗体对象 fEmp 上"计算"按钮（名为 bt）

的单击事件代码，试按以下要求完成设计：打开窗体，单击"计算"按钮（名为 bt），事件过程使用 ADO 数据库技术计算出表对象 tEmp 中党员职工的平均年龄，然后将结果显示在窗体的文本框 tAge 内并写入外部文件中。

（2）不能修改数据库中表对象 tEmp 未涉及的字段和数据；不允许修改窗体对象 fEmp 中未涉及的控件和属性。程序代码只允许在"*****Add*****"与"*****Add*****"之间的空行内补充一行语句、完成设计，不允许增删和修改其他位置上已存在的语句。

提示

步骤 1：右击命令按钮"计算"，在弹出的快捷菜单中选择"事件生成器"命令，在空行内输入代码。

```
'*****Add1******
If rs.RecordCount=0 Then
'*****Add1******
'*****Add2******
tAge=sage
'*****Add2******
```

步骤 2：关闭界面，单击快速访问工具栏中"保存"按钮，关闭设计视图。

步骤 3：在 VBE 中选择"工具"→"引用"命令，在弹出的对话框中勾选"microsoft Active Data Objects 2.5 或 2.8 等"复选框，单击"确定"按钮。

6.6 总结与分析

分析：一般来说，大部分题目都是让补充完善已有的程序段。那么，首先要读懂题意；其次读懂程序段，明确空缺处完成的功能；然后才能写出相应的 VBA 代码。

常见题型：使用 VBA 代码，补充完善某按钮的单击操作。

操作方法：在选定按钮的"全部"或"事件"选项卡中找到"单击"选项，并设置为"事件过程"，再直接单击属性右侧的"…"按钮，进入 VBE 编程环境。

（1）使得某按钮可用，设该按钮名称为 cmdSave（可用性对应 enable 属性）。

要使用代码 Me.cmdSave.Enable = True 或直接 cmdSave.enable =true。（不区分大小写）

（2）单击按钮后，标签"CDID_标签"显示颜色变为红色（显示颜色对应 forecolor 属性）。

代码：Me.CDID_标签.ForeColor = 255

（3）若要求弹出一个消息框，注意认真比较下面示例的不同。

：代码为"msgbox "请输入代码""。

：代码为"msgbox "请输入代码", vbInformation"。

：代码"msgbox "请输入代码", vbinformation, "消息框的标题""。

（4）补充代码设置窗体上标签 bTitle 的标题为文本框 tText 输入内容与文本串"等级考试测试"连接，并消除连接串的前导和尾随空白字符。

代码：Me.bTitile.Caption = Trim(me.tText.text & "等级考试测试")

注意：标签的标题对应其 caption 属性，文本框的内容对应其 text 属性，并注意属性的设置及获得方法。

（5）设置文本框 tDept 可根据报表数据源里的"所属部门"字段值，从非数据源表对象 tGroup 中检索出对应的部门名称并显示输出。

代码：= DLookup ("[名称]","tGroup","[部门编号]=' "&[所属部门]& " ' ")

（6）用代码实现宏的执行：DoCmd.RunMacro MacroName。

举例：DoCmd.RunMacro macro1   //执行宏 macro1

（7）用代码实现打开某个报表：DoCmd.OpenReport ReportName。

举例：DoCmd.OpenReport "教师信息"   //打开"教师信息"报表

同理：打开表 OpenTable，打开窗体 OpenForm，打开查询 OpenQuery

（8）在按钮单击事件过程中补充语句，动态设置窗体记录源为查询记录源"qEmp"：me.form.recordsource= qEmp。

（9）输入框：InputBox(prompt[,title][,default][,xpos][,ypos][,helpfile,context])，prompt 作为对话消息框出现的字符串表达式，是必须的。

第7章

综合实训

7.1 综合实训一

1. 数据表

（1）打开素材文件夹 sc291801001 中的数据库文件 samp34.accdb，将表对象 tSalary 中"工号"字段的字段大小设置为 8。

（2）设置表对象 tEmp 中"姓名"和"年龄"两个字段的显示宽度为 20。

（3）将表对象 tEmp 中"聘用时间"字段重命名为"聘用日期"。

（4）隐藏表对象 tEmp 中的"简历"字段列；完成上述操作后，建立表对象 tEmp 和 tSalary 的表间一对多的关系，并实施参照完整性。

（5）将数据库文件 dTest 中的表对象 tTest 链接到 samp34.accdb 数据库文件中，要求将链接的表对象重命名为 tTemp。

（6）打开素材文件夹 sc291801001 中的数据库文件 samp35.accdb，设置表 tScore 的主键。

（7）设置 tStud 表中的"年龄"字段的有效性规则和有效性文本。具体规则是年龄必须大于 16 岁；有效性文本内容为"年龄值应大于 16"。

（8）删除 tStud 表结构中的"照片"字段。

（9）设置表对象 tStud 的记录行显示高度为 20。

（10）建立表对象 tStud 和 tScore 表间一对多的关系，并实施参照完整性。

2. 查询

（1）打开素材文件夹 sc291801001 中的数据库文件 salary.accdb，创建一个查询"查询 1"，查找 1990 年及以后参加工作的男职工情况，显示字段"姓名""部门名称""性别""参加工作日期"和"职务"。并按"参加工作日期"降序排列。

（2）创建一个查询"查询 2"，查询各部门的实发工资平均值，要求显示"部门名称"和"实发工资平均值"。

（3）创建一个参数查询"查询 3"，根据输入的职工 ID，查询该职工的"职工 ID""姓名""性别""职称""部门名称"和"基本工资"字段信息。提示语为"请输入职工 ID："。

（4）创建一个查询"查询 4"，统计各部门各职称的职工人数。要求部门名称为行、职称为列。

（5）创建一个查询"查询5"，删除"工会"的相应职工信息。

（6）打开素材文件夹 sc291801001 中的数据库文件 book.accdb，创建一个查询"查询1"，查找图书编号以 jsj 开头的图书情况，显示字段"图书编号""书名""作者""出版年月"和"出版社名称"，并按"出版年月"降序排列。

（7）创建一个 "查询2"，统计各类别图书的数量。

（8）创建一个参数查询"查询3"，根据输入的图书类别，查询此类图书的"图书编号""类别""书名""出版社名称"和"借阅时间"字段信息。提示语为"请输入图书类别："。

（9）创建一个查询"查询4"，统计各出版社出版的各类别的图书总数。要求出版社名称为行、图书类别为列。

（10）创建一个查询"查询5"，查询读者的"姓名""办证日期""所借图书名称""借阅时间"和"归还时间"字段信息。将查询结果存储为一个新表，表名为"读者借阅信息表"。

3．窗体

（1）打开素材文件夹 sc291801001 中的数据库文件 Samp53，内有窗体 fTest，将窗体的标题设置为"教师基本信息"；在窗体页眉区位置添加一个标签控件，其名称为 bTitle，初始化标题显示为"教师基本信息输出"。

（2）将窗体主体节区中"学历"标签右侧的文本框显示内容设置为"学历"字段值，并将该文本框名称更名为 tBG。

（3）在窗体页脚区位置添加两个命令按钮，分别命名为 bOK 和 bQuit，按钮标题为"执行宏"和"结束"。

（4）新建窗体 mTest，在主体节区位置添加一个选项组控件，将其命名为 opt，选项组标签显示内容为"性别"，名称为 bopt。

（5）在选项组内放置两个单选按钮控件，选项按钮分别命名为 opt1 和 opt2，选项按钮标签显示内容分别为"男"和"女"，名称分别为 bopt1 和 bopt2。

4．报表

（1）打开素材文件夹 sc291801001 中的数据库文件 Samp54，打开报表 book，将报表页眉区的标签内容改为"图书信息"。

（2）将报表页眉的高度设置为 1 cm，背景色设置为"系统窗口"。

（3）将主体节区中"书名"文本框显示内容设置为"书名"字段值。

（4）在页面页脚区添加名为 tPage 的计算控件，该控件显示"第×页，共×页"，第一个×表示当前页数，第二个×代表该报表的总页数。

（5）统计该报表中各类型图书的数量，并在组页眉中显示，类型为分类号的前3个字符。

5．宏和 VBA

（1）打开素材文件夹 sc291801001 中的数据库文件 Samp63，创建宏 mEmp，在宏中设计操作为：以只读方式打开表 tTeacher。

（2）打开窗体 fTest，设置命令按钮 cmd1 的单击事件为给定的宏对象 m1。

（3）设置命令按钮 cmd2 的单击事件过程为窗体中 Lab1，标签文字颜色为红色，并弹出一个对话框，对话框中的信息为"你好"。

（4）设置命令按钮 cmd3 的单击事件过程为关闭窗体，用 VBA 代码完成。

7.2 综合实训二

1．数据表

（1）打开素材文件夹 sc291802001 中的数据库文件 samp1.accdb，数据库中已建立了表对象 tEmp 和 tSalary。将表对象 tSalary 中"工号"字段的字段大小设置为 6，将"工号"字段名更改为"编号"。

（2）设置表对象 tEmp 中"聘用时间"的格式为"长日期"； 有效性规则为"只能输入上一年度 5 月 1 日（含）以前的日期"。

（3）在 tEmp 表的第一条记录（编号为 000001 的记录）中的"照片"字段中插入图片 1.jpg。

（4）隐藏表对象 tEmp 中"简历"字段列。

（5）完成上述操作后，建立表对象 tEmp 和 tSalary 表间一对多的关系，并实施参照完整性。

（6）打开素材文件夹 sc291802001 中的数据库文件 samp2.accdb，其中数据库中已建立了表对象"团队表"和"游客表"。将团队表中的"团队 ID"字段设置为主键，修改游客表中"团队 ID"字段类型为（"文本"）。

（7）设置"年龄"字段的有效性规则为大于等于 10 且小于等于 60，默认值为 23。

（8）将"性别"字段的输入设置为"男""女"组合框选择。

（9）建立团队表和游客表间一对多关系，并实施参照完整性。

（10）将团队表导出到素材文件夹 sc291801002 中的 database.accdb 空数据库文件中，要求只导出表结构定义，导出的表命名为"团队表 BK"。

2．查询

（1）打开素材文件夹 sc291802001 中的数据库文件 samp3.accdb，里面已经设计好表对象 tCourse、tScore 和 tStud，创建一个查询，查找党员记录，并显示"姓名""性别"和"入校时间"3 列信息，所建查询命名为 qT1。

（2）创建一个查询，当运行该查询时，屏幕上显示提示信息"请输入要比较的分数："，输入要比较的分数后，该查询查找学生选课成绩的平均分大于输入值的学生信息，并显示"学号"和"平均分"两列信息，所建查询命名为 qT2。

（3）创建一个交叉表查询，在交叉表中行标题是"班级编号"；交叉表的列标题是"课程名"；统计并显示各班每门课程的平均成绩，平均成绩保留一位小数，所建查询命名为 qT3。 说明："学号"字段的前 8 位为班级编号，平均成绩保留一位小数要求用 Round 函数实现。

（4）创建一个查询，运行该查询后生成一个新表，表名为 tNew，表结构包括"学号""姓名""性别""课程名"和"成绩"5 个字段，表内容为 90 分以上（包括

90分）或不及格的所有学生记录，并按课程名降序排序，所建查询命名为"qT4"。

（5）创建一个查询，计算并输出学生最大年龄与最小年龄的差值，显示标题为 m_age，所建查询命名为 qT5。

（6）打开素材文件夹 sc291802001 中的数据库文件 samp4.accdb，里面已经设计好两个表对象住宿登记 tA 和住房信息表 tB。创建一个查询，查找并显示客人的"姓名""入住日期"和"价格"3 个字段的内容，将查询命名为 qT1。

（7）创建一个参数查询，显示客人的"姓名""房间号"和"入住日期"3 个字段的信息。将"姓名"字段作为参数，设定提示文本为"请输入姓名"，所建查询命名为"qT2"。

（8）以表对象 tB 为基础，创建一个交叉表查询。要求：选择"楼号"为行标题，"房间类别"为列标题，统计输出每座楼房的各类房间的平均房价信息。所建查询命名为 qT3。房间号的前两位为楼号。

（9）创建一个查询，统计出各种类别房屋的数量。所建查询显示两列内容，列名称分别为 type 和 num，所建查询命名为 qT4。

（10）创建一个查询，删除 200 元以下的房间信息，所建查询命名为"qT5"。

3. 窗体

（1）打开素材文件夹 sc291802001 中的数据库文件 samp5.accdb 中的"登录窗体"窗体。设置窗体边框样式为"对话框边框"，取消窗体的水平和垂直滚动条。

（2）设置主体中 Textname 文本框的字体为"微软雅黑"，大小为 12，颜色为"深蓝，文字 2，淡色 40%，加粗。

（3）设置主体中 Textpsw 文本框的输入掩码，使该文本框中的文本以"*"的形式显示。

（4）在窗体主体节添加一个命令按钮，命名为 cmd，按钮上显示文字为"确定"，距上边 3 cm，距左边 3.5 cm。

（5）设置该窗体为启动窗体，以原文件名保存该窗体。

4. 报表

（1）打开素材文件夹 sc291802001 中的数据库文件 samp6.accdb，里面已经设计好两个关联的表对象 tEmp、tSalary 和一个报表对象 rSalary，试按以下要求完成对报表对象 rSalary 的设计：为报表对象 rSalary 设定记录源为 tSalary。

（2）在 tS 控件中显示实发工资"公式为：实发工资=工资−水电房租费"。

（3）在报表页眉区添加一个显示内容为"职工工资信息表"的标签控件，命名为 bTitle，宽度为 8 cm，高度为 1 cm，距离上边距 0.4 cm，距离左边距 5 cm，字体为楷体，26 号，文本对齐为居中，加粗，字体颜色为红色，其他均为默认值。

（4）按工号汇总出每个员工"工资"的平均值，放在名为 tA 的计算控件中，在分组页脚中显示出工资的汇总信息，并设置控件宽度为 5 cm，高度为 1 cm，距离上边距 0.5 cm，距离左边距 12 cm。

（5）将"工号"文本框移动到组页眉中显示，设置上边距为 0.7 cm，左边距为 0.6 cm。

5．宏和 VBA

（1）打开素材文件夹 sc291802001 中的数据库文件 samp7.accdb，内有"学生"窗体，设置该窗体的加载事件为"宏 1"。

（2）新建一个宏，名为"宏 2"，功能为关闭"学生"窗体。

（3）设置该窗体内的 cmd1 命令按钮的双击事件为"宏 2"。

（4）设置该窗体内的 cmd1 命令按钮的单击事件过程为设置"学生"窗体的标题为"学生信息窗体"，以原文件名保存该窗体。

全国计算机等级考试二级 Access 数据库程序设计考试大纲（2013 年版）

基 本 要 求

1. 具有数据库系统的基础知识。
2. 基本了解面向对象的概念。
3. 掌握关系数据库的基本原理。
4. 掌握数据库程序设计方法。
5. 能使用 Access 建立一个小型数据库应用系统。

考 试 内 容

一、数据库基础知识

1. 基本概念：

数据库，数据模型，数据库管理系统，类和对象，事件。

2. 关系数据库基本概念：

关系模型（实体的完整性、参照的完整性、用户定义的完整性），关系模式，关系，元组，属性，字段，域，值，主关键字等。

3. 关系运算基本概念：

选择运算，投影运算，连接运算。

4. SQL 基本命令：

查询命令，操作命令。

5. Access 系统简介：

（1）Access 系统的基本特点。

（2）基本对象：表，查询，窗体，报表，页，宏，模块。

二、数据库和表的基本操作

1. 创建数据库：

（1）创建空数据库。

（2）使用向导创建数据库。

2. 表的建立：

（1）建立表结构：使用向导，使用表设计器，使用数据表。

（2）设置字段属性。

（3）输入数据：直接输入数据，获取外部数据。

3. 表间关系的建立与修改：

（1）表间关系的概念：一对一，一对多。

（2）建立表间关系。

（3）设置参照完整性。

4. 表的维护：

（1）修改表结构：添加字段，修改字段，删除字段，重新设置主关键字。

（2）编辑表内容：添加记录，修改记录，删除记录，复制记录。

（3）调整表外观。

5. 表的其他操作：

（1）查找数据。

（2）替换数据。

（3）排序记录。

（4）筛选记录。

三、查询的基本操作

1. 查询分类：

（1）选择查询。

（2）参数查询。

（3）交叉表查询。

（4）操作查询。

（5）SQL 查询。

2. 查询准则：

（1）运算符。

（2）函数。

（3）表达式。

3. 创建查询：

（1）使用向导创建查询。

（2）使用设计器创建查询。

（3）在查询中计算。

4. 操作已创建的查询：

（1）运行已创建的查询。

（2）编辑查询中的字段。

（3）编辑查询中的数据源。

（4）排序查询的结果。

四、窗体的基本操作

1. 窗体分类：

（1）纵栏式窗体。

（2）表格式窗体。

（3）主/子窗体。

（4）数据表窗体。

（5）图表窗体。

（6）数据透视表窗体。

2. 创建窗体：

（1）使用向导创建窗体。

（2）使用设计器创建窗体：控件的含义及种类，在窗体中添加和修改控件，设置控件的常见属性。

五、报表的基本操作

1. 报表分类：

（1）纵栏式报表。

（2）表格式报表。

（3）图表报表。

（4）标签报表。

2. 使用向导创建报表。

3. 使用设计器编辑报表。

4. 在报表中计算和汇总。

六、页的基本操作

1. 数据访问页的概念。

2. 创建数据访问页：

（1）自动创建数据访问页。

（2）使用向导数据访问页。

七、宏

1. 宏的基本概念。

2. 宏的基本操作：

（1）创建宏：创建一个宏，创建宏组。

（2）运行宏。

（3）在宏中使用条件。

（4）设置宏操作参数。

（5）常用的宏操作。

八、模块

1. 模块的基本概念：

（1）类模块。

（2）标准模块。

（3）将宏转换为模块。

2．创建模块：

（1）创建 VBA 模块：在模块中加入过程，在模块中执行宏。

（2）编写事件过程：键盘事件，鼠标事件，窗口事件，操作事件和其他事件。

3．调用和参数传递。

4．VBA 程序设计基础：

（1）面向对象程序设计的基本概念。

（2）VBA 编程环境：进入 VBE 界面。

（3）VBA 编程基础：常量，变量，表达式。

（4）VBA 程序流程控制：顺序控制，选择控制，循环控制。

（5）VBA 程序的调试：设置断点，单步跟踪，设置监视点。

考 试 方 式

上机考试，考试时长 120 分钟，满分 100 分。

1．题型及分值

单项选择题 40 分（含公共基础知识部分 10 分）、操作题 60 分（包括基本操作题、简单应用题及综合应用题）。

2．考试环境

Microsoft Office Access 2010。

全国计算机等级考试二级公共基础知识考试大纲（2013年版）

基 本 要 求

1. 掌握算法的基本概念。
2. 掌握基本数据结构及其操作。
3. 掌握基本排序和查找算法。
4. 掌握逐步求精的结构化程序设计方法。
5. 掌握软件工程的基本方法，具有初步应用相关技术进行软件开发的能力。
6. 掌握数据库的基本知识，了解关系数据库的设计。

考 试 内 容

一、基本数据结构与算法

1. 算法的基本概念；算法复杂度的概念和意义（时间复杂度与空间复杂度）。
2. 数据结构的定义；数据的逻辑结构与存储结构；数据结构的图形表示；线性结构与非线性结构的概念。
3. 线性表的定义；线性表的顺序存储结构及其插入与删除运算。
4. 栈和队列的定义；栈和队列的顺序存储结构及其基本运算。
5. 线性单链表、双向链表与循环链表的结构及其基本运算。
6. 树的基本概念；二叉树的定义及其存储结构；二叉树的前序、中序和后序遍历。
7. 顺序查找与二分法查找算法；基本排序算法（交换类排序，选择类排序，插入类排序）。

二、程序设计基础

1. 程序设计方法与风格。
2. 结构化程序设计。
3. 面向对象的程序设计方法，对象，方法，属性及继承与多态性。

三、软件工程基础

1. 软件工程基本概念，软件生命周期概念，软件工具与软件开发环境。

2. 结构化分析方法，数据流图，数据字典，软件需求规格说明书。

3. 结构化设计方法，总体设计与详细设计。

4. 软件测试的方法，白盒测试与黑盒测试，测试用例设计，软件测试的实施，单元测试、集成测试和系统测试。

5. 程序的调试，静态调试与动态调试。

四、数据库设计基础

1. 数据库的基本概念：数据库，数据库管理系统，数据库系统。

2. 数据模型，实体联系模型及 E-R 图，从 E-R 图导出关系数据模型。

3. 关系代数运算，包括集合运算及选择、投影、连接运算，数据库规范化理论。

4. 数据库设计方法和步骤：需求分析、概念设计、逻辑设计和物理设计的相关策略。

考 试 方 式

1. 公共基础知识不单独考试，与其他二级科目组合在一起，作为二级科目考核内容的一部分。

2. 考试方式为上机考试，10 道选择题，占 10 分。

Access 基本函数

类　型	函数名	函数格式	说　明
算术函数	绝对值	Abs(<数值表达式>)	返回数值表达式的绝对值
	取整	Int(<数值表达式>)	返回数值表达式的整数部分值，参考为负值时返回大于等于参数值的第一个负数
		Fix(<数值表达式>)	返回数值表达式的整数部分值，参考为负值时返回小于等于参数值的第一个负数
		Round(<数值表达式>[, <表达式>])	按照指定的小数位数进行四舍五入运算的结果。[<表达式>]是进行四舍五入运算小数点右边保留的位数
	平方根	Srq(<数值表达式>)	返回数值表达式的平方根值
	符号	Sgn(<数值表达式>)	返回数值表达式值的符号值。当数值表达式值大于 0，返回值为 1；当数值表达式值等于 0，返回值为 0；当数值表达式值小于 0，返回值为 -1
	随机数	Rnd(<数值表达式>)	产生一个 0 到 9 之间的随机数，为单精度类型。如果数值表达式值小于 0，每次产生相同的随机数；如果数值表达式值大于 0，每次产生新的随机数；如果数值表达式等于 0，产生最近生成的随机数，且生成的随机数序列相同；如果省略数值表达式参数，则默认参数值大于 0
	正弦函数	Sin(<数值表达式>)	返回数值表达式的正弦值
	余弦函数	Cos(<数值表达式>)	返回数值表达式的余弦值
	正切函数	Tan(<数值表达式>)	返回数值表达式的正切值
	自然指数	Exp(<数值表达式>)	计算 e 的 N 次方，返回一个双精度
	自然对数	Log(<数值表达式>)	计算以 e 为底的数值表达式的值的对数
文本函数	生成空格字符	Space(<数值表达式>)	返回由数值表达式的值确定的空格个数组成的空字符串
	字符重复	String(<数值表达式>, <字符表达式>)	返回一个由字符表达式的第 1 个字符重复组成的指定长度为数值表达式值的字符串
	字符串截取	Left(<字符表达式>, <数值表达式>)	返回一个值，该值是从字符表达式左侧第 1 个字符开始，截取的若干字符。其中，字符个数是数值表达式的值。当字符表达式是 null 时，返回 null 值；当数值表达式值为 0 时，返回一个空串；当数值表达式值大于或等于字符表达式的字符个数时，返回字符表达式

类　型	函　数　名	函　数　格　式	说　　　明
文本函数	字符串截取	Right(<字符表达式>,<数值表达式>)	返回一个值，该值是从字符表达式右侧第 1 个字符开始，截取的若干个字符。其中，字符个数是数值表达式的值。当字符表达式是 Null 时，返回 Null 值；当数值表达式值为 0 时，返回一个空串；当数值表达式大于或等于字符表达式的字符个数时，返回字符表达式
		Mid(<字符表达式>,<数值表达式 1>[,<数值表达式 2>])	返回一个值，该值是从字符表达式最左端某个字符开始，截取到某个字符为止的若干个字符。其中，数值表达式 1 的值是开始的字符位置,数值表达式 2 是终止的字符位置。数值表达式 2 可以省略，若省略了数值表达式 2,则返回的值是：从字符表达式最左端某个字符开始，截取到最后一个字符为止的若干个字符
	字符串长度	Len（<字符表达式>）	返回字符表达式的字符个数，当字符表达式是 Null 值时，返回 Null 值
	删除空格	Ltrim（<字符表达式>）	返回去掉字符表达式开始空格的字符串
		Rtrim(<字符表达式>)	返回去掉字符表达式尾部空格的字符串
		Trim（<字符表达式>）	返回去掉字符表达式开始和尾部空格的字符串
	字符串检索	Instr([<数值表达式>],<字符串>,<子字符串>[,<比较方法>])	返回一个值，该值是检索子字符串在字符串中最早出现的位置。其中，数值表达式为可选项，是检索的起始位置，若省略，从第一个字符开始检索。比较方法为可选项，指定字符串比较方法。值可以为 1、2 或 0,值为 0（缺省）做二进制比较，值为 1 做不区分大小写的文本比较，值为 2 做基于数据库中包含信息的比较。若指定比较方法，则必须指定数据表达式值
	大小写转换	Ucase(<字符表达式>)	将字符表达式中小写字母转换成大写字母
		Lcase(<字符表达式>)	将字符表达式中大写字母转换成小写字母
SQL聚合函数	总计	Sum(<字符表达式>)	返回字符表达式中的总和。字符表达式可以是一个字段名，也可以是一个含字段名的表达式，但所含字段应该是数字数据类型的字段
	平均值	Avg（<字符表达式>）	返回字符表达式中的平均值。字符表达式可以是一个字段名，也可以是一个含字段名的表达式，但所含字段应该是数字数据类型的字段
	计数	Count(<字符表达式>)	返回字符表达式中的个数，即统计记录个数。字符表达式可以是一个字段名，也可以是一个含字段名的表达式，但所含字段名应该是数字数据类型的字段
	最大值	Max（<字符表达式>）	返回字符表达式中值的最大值，字符表达式可以是一个字段名，也可以是一个含字段名的表达式，但所含字段应该是数字数据类型的字段
	最小值	Min（<字符表达式>）	返回字符表达式中值的最小值，字符表达式可以是一个字段名，也可以是一个含字段名的表达式，但所含字段应该是数字数据类型的字段

类 型	函 数 名	函 数 格 式	说　明
日期/时间函数	截取日期分量	Day（<日期表达式>）	返回日期表达式日期的整数（1~31）
		Month(<日期表达式>)	返回日期表达式月份的整数（1~12）
		Year（<日期表达式>）	返回日期表达式年份的整数
		Weekday（<日期表达式>）	返回 1~7 的整数。表示星期几
	截取时间分量	Hour（<时间表达式>）	返回时间表达式的小时数（0~23）
		Minute(<时间表达式>)	返回时间表达式的分钟数（0~59）
		Second(<时间表达式>)	返回时间表达式的秒数（0~59）
	获取系统日期和系统时间	Date()	返回当前系统日期
		Time()	返回当前系统时间
		Now()	返回当前系统日期和时间
	时间间隔	DateAdd(<间隔类型>,<间隔值>,<表达式>)	对表达式表示的日期按照间隔类型加上或减去指定的时间间隔值
	返回包含指定年月日的日期	DateDiff(<间隔类型>,<日期 1>,<日期 2>[,W1][,W2])	返回日期 1 和日期 2 之间按照间隔类型所指定的时间间隔数目
		DatePart(<表达式 1>,<表达式 2>,<表达式 3>)	返回由表达式 1 值为年、表达式 2 值为月、表达式 3 值为日而组成的
转换函数	字符串转换字符代码	Asc(<字符表达式>)	返回字符表达式首字符的 ASCII 值
	字符代码转换字符	Chr(<字符代码>)	返回与字符代码对应的字符
	数字转换成字符串	Str(<数值表达式>)	将数值表达式转换成字符串
	字符转换成数字	Val(字符表达式)	将数值字符串转换成数值型数字
		Nz（<表达式>）[,规定值]	如果表达式为 null，Nz 函数返回 0；对零长度的空串可以自定义一个返回值（规定值）
程序流程函数	选择	Choose(<索引式>,<表达式 1>[,<表达式 2>…[,<表达式 n>])	根据索引式的值来返回表达式列表中的某个值。索引式值为 1，返回表达式 1 的值；索引式值为 2，返回表达式 2 的值，以此类推。当索引式值小于 1 或大于列出的表达式数目时，返回无效值（null）
	条件	Iif(条件表达式,表达式 1, 表达式 2)	根据条件表达式的值决定函数的返回值，当条件表达式值为真，函数返回值为表达式 1 的值，条件表达式值为假，函数返回值为表达式 2 的值
	开关	Switch(<条件表达式 1>,<表达式 1>[,<条件表达式 2>,<表达式 2>…[,<条件表达式 n>,<表达式 n>]])	计算每个条件表达式，并返回列表中第一个条件表达式为 True 时与其关联的表达式的值
消息函数	利用提示框输入	InputBox(提示[,标题][,默认])	在对话框中显示提示信息，等待用户输入正文并按下按钮，并返回文本框中输入的内容(string 型)
	提示框	Msgbox(提示[,按钮、图标和默认按钮][,标题])	在对话框中显示信息，等待用户单击按钮，并返回一个 Integer 型数值，告诉用户单击的是哪一个按钮

宏操作命令说明

1. AddMenu：为窗体或报表将菜单添加到自定义菜单栏。菜单栏中的每个菜单都需要一个独立的 AddMenu 操作。同样，为窗体、窗体控件或报表添加自定义快捷菜单，或者为所有的 Microsoft Office Access 窗口添加全局菜单栏或全局快捷菜单，也都需要一个独立的 AddMenu 操作。

2. ApplyFilter：在表、窗体或报表中应用筛选、查询或 SQL WHERE 子句可限制或排序来自表中的记录，或来自窗体、报表的基本表或查询中的记录。

3. Beep：使计算机发出嘟嘟声。使用此操作可表示错误情况或重要的可视性变化。

4. CancelEvent：取消导致该宏（包含该操作）运行的 Microsoft Office Access 事件。例如，如果 BeforeUpdate 事件使一个验证宏执行并且验证失败，使用这种操作可取消数据更新。

5. Close：关闭指定的窗口，如果无指定的窗口，则关闭激活的窗口。

6. CopyDatabaseFile：复制当前数据库的数据库文件。

7. CopyObject：将指定的数据库对象复制到不同的 Microsoft Office Access 数据库，或复制到具有新名称的相同数据库。使用此操作可迅速创建相同的对象，也可将对象复制到其他数据库中。

8. DeleteObject：删除指定对象；未指定对象时，删除"数据库"窗口中选中的对象。Microsoft Office Access 不显示删除的确认信息。

9. Echo：显示或隐藏执行过程中宏的结果。模式对话框（如错误消息）将一直显示。

10. FindNext：查找符合最近的 FindRecord 操作或"查找"对话框中指定条件的下一条记录。使用此操作可移动到符合同一条件的记录。

11. FindRecord：查找符合指定条件的第一条或下一条记录。记录能在激活的窗体或数据表中查找。

12. GoToControl：将焦点移到激活数据表或窗体上指定的字段或控件上。

13. GoToPage：将焦点移到激活窗体指定页的第一个控件。使用 GoToControl 操作可将焦点移到指定字段或其他控件。

14. GoToRecord：在表、窗体或查询结果集中的指定记录成为当前记录。

15. Hourglass：当执行宏时，将正常光标变为沙漏形状（或您所选定的其他图标）。宏完成后会恢复正常光标。

16. Maximize：最大化激活窗口使其充满 Microsoft Office Access 窗口。

17. Minimize：最小化激活窗口使其成为 Microsoft Office Access 窗口底部的标题栏。

18. MoveSize：移动并调整激活窗口。如果不输入参数，则 Microsoft Office Access 使用当前设置。度量单位为 Windows "控制面板" 中设置的标准单位（英寸或厘米）。

19. MsgBox：显示含有警告或提示消息的消息框。常用于当验证失败时显示一条消息。

20. OpenDataAccessPage：在 "浏览" 或 "设计" 视图中打开数据访问页。

21. OpenDiagram：在 "设计" 视图或 "打印预览" 中打开图表。

22. OpenForm：在 "窗体" 视图、"设计" 视图、"打印预览" 或 "数据表" 视图中打开窗体。

23. OpenFunction：在 "设计" 视图或 "打印预览" 中打开一个函数。

24. OpenModule：在指定过程的 "设计" 视图中打开指定的 Visual Basic 模块。此过程可以是 Sub 过程、Function 过程或事件过程。

25. OpenQuery：打开选择查询或交叉表查询，或者执行操作查询。查询可在 "数据表" 视图、"设计" 视图或 "打印预览" 中打开。

26. OpenReport：在 "设计" 视图或 "打印预览" 中打开报表，或立即打印该报表。

27. OpenStoredProcedure：在 "数据表" 视图、"设计" 视图或 "打印预览" 中打开存储过程。

28. OpenTable：在 "数据表" 视图、"设计" 视图或 "打印预览" 中打开表。

29. OpenView：在 "数据表" 视图、"设计" 视图或 "打印预览" 中打开视图。

30. OutputTo：将指定数据库对象中的数据输出成 Microsoft Office Excel(.xls)、超文本(.rtf)、MS-DOS 文本(.txt)、HTML(.htm)或快照(.snp)格式。

31. PrintOut：打印激活的数据库对象。可以打印数据表、报表、窗体以及模块。

32. Quit：退出 Microsoft Office Access。可从几种保存选项中选择一种。

33. Rename：重命名指定对象。如果未指定对象，则重命名数据库窗口中当前选中的对象。此操作与 CopyObject 操作不同，CopyObject 操作是用新名称创建对象的一个副本。

34. RepaintObject：在指定对象上完成所有未完成的屏幕更新或控件的重新计算。如果未指定对象，则在激活的对象上完成这些操作。

35. Requery：在激活的对象上实施指定控件的重新查询。如果未指定控件，则实施对象的重新查询。如果指定的控件不基于表或查询，则该操作将使控件重新计算。

36. Restore：将最大化或最小化窗口恢复到原来的大小。此操作总影响到激活的窗口。

37. RunApp：启动另一个 Microsoft Windows 或 MS-DOS 应用程序，如 Microsoft Office Excel 或 Word。指定的应用程序将在前台运行，同时宏也将继续执行。

38. RunCode：执行 Visual Basic Function 过程。若要执行 Sub 过程或事件过程，需创建调用 Sub 过程或事件过程的 Function 过程。

39. RunCommand：执行一个 Microsoft Office Access 菜单命令。

40. RunMacro：执行一个宏。可用该操作从其他宏中执行宏，重复宏，基于某一条件执行宏，或将宏附加于自定义菜单命令。

41. RunSQL：执行指定的 SQL 语句以完成操作查询，也可以完成数据定义查询。可以用该语句来修改当前数据库或其他数据库（使用 IN 子句）中的数据和数据定义。

42. Save：保存指定对象。未指定对象时，保存激活对象。

43. SelectObject：选择指定的数据库对象，然后可以对此对象进行某些操作。如果对象未在 Microsoft Office Access 窗口中打开，可在"数据库"窗口中选择。

44. SendKeys：向 Microsoft Office Access 或其他激活的应用程序中发送键击。这些键击和在应用程序中按键的效果一样。

45. SendObject：将指定的数据库对象包含在电子邮件消息中，对象在其中可以查看和转发。可以将对象发送到任意使用 Microsoft MAPI 标准接口的电子邮件应用程序中。

46. SetMenuItem：为激活窗口设置自定义菜单（包括全局菜单）上菜单项的状态（启用或禁用，选中或不选中）。仅适用于用菜单栏宏所创建的自定义菜单。

47. SetValue：为窗体、窗体数据表或报表上的控件、字段或属性设置值。

48. SetWarnings：关闭或打开所有的系统消息，可防止模式警告终止宏的执行（尽管错误消息和需要用户输入的对话框仍然显示）。这与在每个消息框中按 Enter 键（一般为"确定"或"是"）效果相同。

49. ShowAllRecords：从激活的表、查询或窗体中移去所有已应用的筛选。可显示表或结果集中的所有记录，或显示窗体的基本表或查询中的所有记录。

50. ShowToolbar：显示或隐藏内置工具栏或自定义工具栏。工具栏可以始终显示、仅正常显示或隐藏。

51. StopAllMacros：终止所有正在运行的宏。如果回应和系统消息的显示被关闭，此操作也会将它们都打开。在符合某一出错条件时，可使用此操作来终止所有的宏。

52. StopMacro：终止当前正在运行的宏。如果回应和系统消息的显示被关闭，此操作也会将它们都打开。在符合某一条件时，可使用此操作来终止一个宏。

53. TransferDatabase：从其他数据库向当前数据库导入数据、从当前数据库向其他数据库导出数据，或将其他数据库的表链接到当前数据库中。

54. TransferSpreadsheet：从电子表格文件向当前的 Microsoft Office Access 数据库导入数据或链接到数据，或从当前的 Microsoft Office Access 数据库向电子表格文件导出数据。

55. TransferSQLDatabase：将整个 SQL 数据库从当前服务器传输到另一台服务器。

56. TransferText：将数据从文本文件导入到当前的 Microsoft Office Access 数据库，从当前的 Microsoft Office Access 数据库导出到文本文件，或将文本文件中的数据链接到当前的 Microsoft Office Access 数据库。此外，还可以将数据输出到 Microsoft Office Word 中以生成 Windows 邮件合并数据文件。

窗体的常见属性

 窗体常用属性及其含义

"格式"选项卡

属性名称	属性标识	功 能
标题	Caption	指定在"窗体"视图中标题栏上显示的文本。默认为"窗体名：窗体" 例：Me.Caption="人员信息输入"
滚动条	ScrollBars	指定是否在窗体上显示滚动条。该属性值有"两者均无""只水平""只垂直"和"两者都有"（默认值）4个选项 值：0,1,2，3 例：Me.ScrollBars = 3
记录选择器	RecordSelectors	指定窗体在"窗体"视图中是否显示记录选择器。属性值有："是"（默认值）和"否" 值：True,False 例：Me.RecordSelectors = False Me.RecordSelectors = True
导航按钮	NavigationButtons	指定窗体上是否显示导航按钮和记录编号框。属性值有："是"（默认值）和"否" 例：Me.NavigationButtons = False Me.NavigationButtons = True
分隔线	DividingLines	指定是否使用分隔线分隔窗体上的节或连续窗体上显示的记录。属性值有："是"（默认值）和"否" 例：Me.DividingLines = False Me.DividingLines = True
自动调整	AutoResize	在打开"窗体"窗口时，是否自动调整"窗体"窗口大小以显示整条记录。属性值有："是"（默认值）和"否" 例：Me.AutoResize = False Me.AutoResize = True
自动居中	AutoCenter	当窗体打开时，是否在应用程序窗口中将窗体自动居中。属性值有："是"（默认值）和"否" 例：Me.AutoCenter = False Me.AutoCenter = True

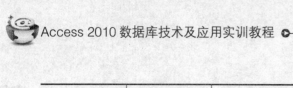

续表

属性名称	属性标识	功　能
边框样式	BorderStyle	可以指定用于窗体的边框和边框元素（标题栏、"控制"菜单、"最小化"和"最大化"按钮或"关闭"按钮）的类型。一般情况下，对于常规窗体、弹出式窗体和自定义对话框需要使用不同的边框样式。属性值有："无""细边框""可调边框"（默认值）和"对话框边框" 值：0,1,2,3　例：Me.BorderStyle=3
控制框	ControlBox	指定在"窗体"视图和"数据表"视图中窗体是否具有"控制"菜单。属性值有："是"（默认值）和"否" 例：Me.ControlBox = False 　　　Me.ControlBox = True
最大最小化按钮	MinMaxButtons	指定在窗体上"最大化"或"最小化"按钮是否可见。属性值有："无""最小化按钮""最大化按钮"和"两者都有"（默认值） 值：0,1,2,3　例：Me.MinMaxButtons=1
关闭按钮	CloseButton	指定是否启用窗体上的"关闭"按钮。属性值有："是"（默认值）和"否"
宽度	Width	可以将窗体的大小调整为指定的尺寸。窗体的宽度是从边框的内侧开始度量的。默认值：9.998cm
图片	Picture	指定窗体的背景图片的位图或其他类型的图形。位图文件必须有 .bmp、.ico 或 .dib 扩展名。也可以使用 .wmf 或 .emf 格式的图形文件，或其他任何具有相应图形筛选器的图形文件类型。 例：Me.Picture = "C:\Windows\Winlogo.bmp"
图片类型	PictureType	指定 Access 是将图片存储为链接对象还是嵌入（默认值）对象 值：0,1 例：Me.PictureType=1
图片缩放模式	PictureSizeMode	指定对窗体或报表中的图片调整大小的方式。属性值有："剪裁"（默认值）、"拉伸"和"缩放" 值：0,1,2 例：Me.PictureSizeMode=2
可移动的	Moveable	表明用户是否可以移动指定的窗体。属性值有："是"（默认值）和"否"

"数据"选项卡

属性名称	属性标识	功　能
记录源	RecordSource	指定窗体的数据源。属性值可以是表名称、查询名称或者 SQL 语句。 例：Me.RecordSource="表名或查询名或 Sql 语句"
筛选	Filter	在对窗体应用筛选时指定要显示的记录子集。
排序依据	OrderBy	指定如何对窗体中的记录进行排序。属性值是一个字符串表达式，表示要以其对记录进行排序的一个或多个字段（用逗号分隔）的名称。降序时键入 DESC
允许筛选	AllowFilters	指定窗体中的记录能否进行筛选。属性值有："是"（默认值）和"否"
允许编辑 允许删除 允许添加	AllowEdits AllowDeletions AllowAdditions	指定用户是否可在使用窗体时编辑、删除、添加记录。属性值有："是"（默认值）和"否"
数据输入	DataEntry	指定是否允许打开绑定窗体进行数据输入。该属性不决定是否可以添加记录，只决定是否显示已有的记录。属性值有："是"和"否"（默认值）

续表

属性名称	属性标识	功 能
记录集类型	RecordsetType	指定何种类型的记录集可以在窗体中使用。属性值有： ① "动态集"（默认值）：对基于单个表或基于具有一对一关系的多个表的绑定控件可以编辑。对于绑定到字段（基于一对多关系的表）的控件，若未启用表间的级联更新，则不能编辑位于关系中的"一"方的联接字段中的数据。 ② "动态集（不一致的更新）"：所有绑定到其字段的表和控件都可以编辑。 ③ "快照"：绑定到其字段的表和控件都不能编辑
记录锁定	RecordLocks	指定在多用户数据库中更新数据时，如何锁定基础表或基础查询中的记录。属性值有： ① "不锁定"（默认值）在窗体中，两个或更多用户能够同时编辑同一条记录。这也称为"开放式"锁定。如果两个用户试图保存对同一条记录的更改，则 Microsoft Access 将对第二个试图保存记录的用户显示一则消息。此后这个用户可以选择放弃该记录，将记录复制到剪贴板，或替换其他用户所做的更改。这种设置通常用在只读窗体或单用户数据库中。也可以用在多用户数据库中，允许多个用户同时更改同一条记录。 ② "所有记录"：当在"窗体"视图或"数据表"视图中打开窗体，基础表或基础查询中的所有记录都将锁定。用户可以读取记录，但在关闭窗体以前不能编辑、添加或删除任何记录。 ③ "已编辑的记录"：只要用户开始编辑某条记录中的任一字段，即会锁定该页面记录，直到用户移动到其他记录，锁定才会解除。这样一条记录一次只能由一位用户进行编辑。这也称为"保守式"锁定

"其他"选项卡

属性名称	属性标识	功 能
弹出方式	PopUp	指定窗体是否作为弹出式窗口打开。弹出式窗口将停留在其他所有 Access 窗口的上面。典型的情况是将弹出式窗口的"边框样式"属性设为"细边框"。属性值有："是"和"否"（默认值）
模式	Modal	指定窗体是否可以作为模式窗口打开。作为模式窗口打开时，在焦点移到另一个对象之前，必须先关闭该窗口。属性值有："是"和"否"（默认值）
菜单栏	MenuBar	可以将菜单栏指定给 Microsoft Access 数据库(.mdb)、Access 项目(.adp)、窗体或报表使用。也可以使用"菜单栏"属性来指定菜单栏宏，以便用于显示数据库、窗体或报表的自定义菜单栏
工具栏	ToolBar	可以指定窗体或报表使用的工具栏
快捷菜单	ShortcutMenu	指定当用鼠标右键单击窗体上的对象时是否显示快捷菜单。属性值有："是"（默认值）和"否"

控件常用属性及其含义

"格式"选项卡

属性名称	属性标识	功　　能
标题	Caption	对不同视图中对象的标题进行设置，为用户提供有用的信息。它是一个最多包含 2 048 个字符的字符串表达式。窗体和报表上超过标题栏所能显示数的标题部分将被截掉。可以使用该属性为标签或命令按钮指定访问键。在标题中，将 & 字符放在要用作访问键的字符前面，则字符将以下划线形式显示。通过按 Alt 键和加下画线的字符，即可将焦点移到窗体中该控件上
小数位数	DecimalPlaces	指定自定义数字、日期/时间和文本显示数字的小数点位数。属性值有："自动"（默认值）、0~15
格式	Format	自定义数字、日期、时间和文本的显示方式。可以使用预定义的格式，或者可以使用格式符号创建自定义格式。
可见性	Visible	显示或隐藏窗体、报表、窗体或报表的节、数据访问页或控件。属性值有："是"（默认值）或"否"
边框样式	BorderStyle	指定控件边框的显示方式。属性值有："透明"（默认值）、"实线""虚线""短虚线""点线""稀疏点线""点画线""点点画线""双实线"
边框宽度	BorderWidth	指定控件的边框宽度。属性值有："细线"（默认值）、1~6 磅（1 磅= cm）
左边距	Left	指定对象在窗体或报表中的位置。控件的位置是指从它的左边框到含该控件的节的左边缘的距离，或者它的上边框到包含该控件的节的上边缘的距离
背景样式	BackStyle	指定控件是否透明。属性值有："常规"（默认值）和"透明"
特殊效果	SpecialEffect	指定是否将特殊格式应用于控件。属性值有："平面""凸起""凹陷"（默认）、"蚀刻""阴影"和"凿痕"6 种
字体名称	FontName	是显示文本所用的字体名称。默认值：宋体（与 O S 设定有关）
字号	FontSize	指定显示文本字体的大小。默认值：9 磅（与 OS 设定有关），属性值范围 1~127
字体粗细	FontWeight	指定 Windows 在控件中显示以及打印字符所用的线宽（字体的粗细）。属性值有：淡、特细、细、正常（默认值）、中等、半粗、加粗、特粗、浓
倾斜字体	FontItalic	指定文本是否变为斜体。默认值："是"（默认值）和"否"
背景色	ForeColor	指定一个控件的文本颜色。属性值是包含一个代表控件中文本颜色的值的数值表达式。默认值：0
前景色	BackColor	属性值包括数值表达式，该表达式对应于填充控件或节内部的颜色。默认值：1677721550

"数据"选项卡

属性名称	属性标识	功　　能
控件来源	ControlSource	可以显示和编辑绑定到表、查询或 SQL 语句中的数据。还可显示表达式的结果
输入掩码	InputMask	可以使数据输入更容易，并且可以控制用户可在文本框类型的控件中输入的值。只影响直接在控件或组合框中键入的字符
默认值	DefaultValue	指定在新建记录时自动输入到控件或字段中的文本或表达式
有效性规则	ValidationRule	指定对输入到记录、字段或控件中的数据的限制条件
有效性文本	ValidationText	当输入的数据违反了"有效性规则"的设置时，可以使用该属性指定将显示给用户的消息

续表

属性名称	属性标识	功　　能
是否锁定	Locked	指定是否可以在"窗体"视图中编辑控件数据。属性值有："是"和"否"（默认值）
可用	Enabled	可以设置或返回"条件格式"对象（代表组合框或文本框控件的条件格式）的条件格式状态

"其他"选项卡

属性名称	属性标识	功　　能
名称	Name	可以指定或确定用于标识对象名称的字符串表达式。对于未绑定控件，默认名称是控件的类型加上一个唯一的整数。对于绑定控件，默认名称是基础数据源字段的名称。对于控件，名称长度不能超过 255 个字符
状态栏文字	StatusBarText	指定当选定一个控件时显示在状态栏上的文本。该属性只应用于窗体上的控件，不应用于报表上的控件。所用的字符串表达式长度最多为 255 个字符
允许自动更正	AllowAutoCorrect	指定是否自动更正文本框或组合框控件中的用户输入内容。属性值有："是"（默认值）和"否"
自动 Tab 键	AutoTab	指定当输入文本框控件的输入掩码所允许的最后一个字符时，是否发生自动 Tab 键切换。属性值有："是"和"否"（默认值）
Tab 键索引	TabIndex	指定窗体上的控件在 Tab 键次序中的位置。该属性仅适用于窗体上的控件，不适用于报表上的控件。属性值起始值为 0
控件提示文本	ControlTipText	指定当鼠标停留在控件上时，显示在 ScreenTip 中的文字。可用最长 255 个字符的字符串表达式
垂直显示	Vertical	设置垂直显示和编辑的窗体控件，或设置垂直显示和打印的报表控件。属性值有："是"和"否"（默认值）

常用事件

分　类	事　　件	名　　称	属　　性
发生在窗体或控件中的数据被输入、删除或更改时，或当焦点从一条记录移动到另一条记录时	Current	成为当前	OnCurrent（窗体）
	当焦点移动到一条记录，使它成为当前记录时，或当重新查询窗体的数据来源时。此事件发生在窗体第一次打开，以及焦点从一条记录移动到另一条记录时，它在重新查询窗体的数据来源时发生		
	BeforeInsert	插入前	BeforeInsert（窗体）
	在新记录中键入第一个字符但记录未添加到数据库时发生		
	AfterInsert	插入后	AfterInsert（窗体）
	在新记录中添加到数据库中时发生		
	BeforeUpdate	更新前	BeforeUpdate（窗体）
	在控件或记录用更改了的数据更新之前。此事件发生在控件或记录失去焦点时，或单击"记录"菜单中的"保存记录"命令时		
	AfterUpdate	更新后	AfterUpdate（窗体）
	在控件或记录用更改了的数据更新之后。此事件发生在控件或记录失去焦点时，或单击"记录"菜单中的"保存记录"命令时		
	Delete	删除	OnDelete（窗体）

续表

分　类	事　件	名　称	属　性
发生在窗体或控件中的数据被输入、删除或更改时，或当焦点从一条记录移动到另一条记录时	当一条记录被删除但未确认和执行删除时发生		
	BeforeDelConfirm	确认删除前	BeforeDelConfirm（窗体）
	在删除一条或多条记录时，Access 显示一个对话框，提示确认或取消删除之前。此事件在 Delete 时间之后发生		
	AfterDelConfirm	确认删除后	AfterDelConfirm（窗体）
	发生在确认删除记录，且记录实际上已经删除，或在取消删除之后		
	Change	更改	OnChange（控件）
	当文本框或组合框文本部分的内容发生更改时，事件发生。在选项卡空间中从某一页移动到另一页时该事件也会发生		
处理鼠标操作事件	Click	单击	OnClick（窗体、控件）
	对于控件，此事件在单击鼠标左键时发生。对于窗体，在单击记录选择器、节或控件之外的区域时发生。		
	DblClick	双击	OnDblClick（窗体、控件）
	当在控件或它的标签上双击鼠标左键时发生。对于窗体，在双击空白区或窗体上的记录选择器时发生		
	MouseUp	鼠标释放	OnMouseUp（窗体、控件）
	当鼠标指针位于窗体或控件上时，释放一个按下的鼠标键时发生		
	MouseDown	鼠标按下	OnMouseDown（窗体、控件）
	当鼠标指针位于窗体或控件上时，单击鼠标键时发生		
	MouseMove	鼠标移动	OnMouseMove（窗体、控件）
	当鼠标指针在窗体、窗体选择内容或控件上移动时发生		
处理键盘输入事件	KeyPress	击键	OnKeyPress（窗体、控件）
	当控件或窗体有焦点时，按下并释放一个产生标准 ANSI 字符的键或组合键后发生		
	KeyDown	键按下	OnKeyDown（窗体、控件）
	当控件或窗体有焦点时，并在键盘上按下任意键时发生		
	KeyUp	键释放	OnKeyUp（窗体、控件）
	当控件或窗体有焦点时，释放一个按下键时发生		
处理错误	Error	出错	OnError（窗体、报表）
	当 Access 产生一个运行时错误，且此时正处在窗体和报表中时发生		
处理同步事件	Timer	计时器触发	OnTimer（窗体）
	当窗体的 TimerInterval 属性所指定的时间间隔已到时发生，通过在指定的时间间隔重新查询或重新刷新数据保持多用户环境下的数据同步		
在窗体上应用或创建一个筛选	ApplyFilter	应用筛选	OnApplyFilter（窗体）
	当单击"记录"菜单中的"应用筛选"后，或单击工具栏中的"应用筛选"按钮时发生。在指向"记录"菜单中的"筛选"后，并单击"按选定内容筛选"命令，或单击工具栏上的"按选定内容筛选"按钮时发生。当单击"记录"菜单上的"取消筛选/排序"命令，或单击工具栏上的"取消筛选"按钮时发生		
	Filter	筛选	OnFilter（窗体）
	指向"记录"菜单中的"筛选"后，单击"按窗体筛选"命令，或单击工具栏中的"按窗体筛选"按钮时发生。指向"记录"菜单中的"筛选"后，并单击"高级筛选/排序"命令时发生		

续表

分　类	事　件	名　称	属　性
发生在窗体、控件或获得焦点时，或窗体、报表成为激活时或失去激活事件时	Activate	激活	OnActivate（窗体、报表）
	当窗体或报表成为激活窗口时发生		
	Deactivate	停用	OnDeactivate（窗体、报表）
	当不同的但同为一个应用程序的 Access 窗口成为激活窗口时，在此窗口成为激活窗口之前发生		
	Enter	进入	OnEnter（控件）
	发生在控件实际接收焦点之前。此事件在 GotFocus 事件之前发生		
	Exit	退出	OnExit（控件）
	正好在焦点从一个控件移动到同一窗体上的另一个控件之前发生。此事件在 LostFocus 事件之前发生		
	GotFocus	获得焦点	OnGotFocus（窗体、控件）
	当一个控件、一个没有激活的控件或有效控件的窗体接收焦点时发生		
	LostFocus	失去焦点	OnLostFocus（窗体、控件）
	当窗体或控件失去焦点时发生		
打开、调整窗体或报表时	Open	打开	OnOpen（窗体、报表）
	当窗体或报表打开时发生		
	Close	关闭	OnClose（窗体、报表）
	当窗体或报表关闭，从屏幕上消失时发生		
	Load	加载	OnLoad（窗体、报表）
	当打开窗体，且显示了它的记录时发生。此事件发生在 Current 事件之前，Open 事件之后		
	Resize	调整大小	OnResize（窗体）
	当窗体的大小发生变化或窗体第一次显示时发生		
	UnLoad	卸载	OnUnLoad（窗体）
	当窗体关闭，且它的记录被卸载，从屏幕上消失之前发生。此事件在 Close 事件之前发生		

参 考 文 献

[1] 赵洪帅，等．Access 2010 数据库上机实训教程[M]．北京：中国铁道出版社，2013．

[2] 邵敏敏，等．Access 2010 数据库程序设计[M]．北京：中国铁道出版社，2016．

[3] 教育部考试中心．全国计算机等级考试二级教程：Access 数据库程序设计（2013 版）[M]．北京：高等教育出版社，2013．

[4] 祝群喜，等．数据库基础教程（Access 2010 版）上机实验指导[M]．北京：清华大学出版社，2014．

[5] 何立群．数据库技术应用实践教程：Access 2010 [M]．北京：清华大学出版社，2014．

[6] 李雁翎．数据库技术与应用：Access 2003 [M]．北京：高等教育出版社，2005．

[7] 赵洪帅．全国计算机等级考试历届笔试真题详解：二级 Access 数据库程序设计[M]．北京：中国铁道出版社，2012．